＼ はじめてでも安心！ ／

## 幸せに暮らす

# 猫の飼い方

猫専門病院「トーキョーキャットスペシャリスト」院長

## 山本 宗伸 監修

ナツメ社

# 猫と暮らすべき8の理由

猫はすばらしい動物です。一緒に暮らし始めるとすぐにその理由がわかります。ここでは、これから猫を飼う人に向けて、「猫と暮らすべき8の理由」をご紹介します。

## ① かわいい家族が増える

子猫時代がかわいいのはもちろんですが、成猫になり、高齢猫になったとしても毎日かわいいと思うことができるのが猫です。嫌なことがあっても、モフモフの体をなでるだけで癒されます。

## ② 人に寄り添う

猫は不思議で、飼い主が風邪をひいて寝込んだりすると、いつもは違う場所で寝ていても布団の中に入ってきて添い寝をしてくれます。人が弱っているのを察知する能力があるのかもしれません。

## ③ 冬はあたたかい

猫は寒がりなので、冬はべったりと甘えてくれて毛皮のブランケットになります。夜は布団に入ってきて湯たんぽ代わりになります。こたつの中で丸くなっている姿にもほっこりします。

## ④ 家族の結束を高める

猫を飼うと、みんなが猫好きになるので共通の話題が増えます。猫を中心に生活がまわり、お世話も楽しく分担できます。家族がケンカすると、「シャー」と威嚇して仲裁してくれるはずです。

## ⑤ 健康的な生活ができる

朝は、早起きの猫がゴロゴロとのどを鳴らしながら飼い主を起こしに来るので、目覚まし時計の代わりになります。また、仕事帰りの飲み会に誘われても、猫がおなかをすかせて待っていると思えば、「今日は大事な用があるので！」と決然と断ることができます。

## ⑥ 休日に猫チャージができる

爪切り、トイレの掃除、フードや猫砂などの買い出しなど、休日は猫のための用事が増えます。その代わり、用事を済ませれば、あとは猫の体をなでまわしたり、においをかいだり、蜜月の時間を過ごせます。不思議な猫パワーを浴びれば、疲れも吹っ飛び、ストレスも解消することでしょう。

## ⑦ たくさんのことを学べる

気がすすまないことはしない、失敗をしたら体をなめてさっさと忘れる、新しいものにはとりあえず挑戦してみる、常に身のまわりはきれいにする、人から愛されるように生きるが依存はしない……。猫と暮らしていると、その生き方にたくさんのことを学ぶことができます。

## ⑧ 楽しい思い出を作ってくれる

猫の平均寿命は約16歳。一緒に暮らしている間、常に、その行動やかわいらしいしぐさ、表情で人を幸せな気分にさせてくれます。猫と暮らした日々は、かけがえのない楽しい思い出となって、あなたの未来をしっかり応援してくれます。

# 猫を迎える前に心得ておきたいこと

猫は種類によっても、個体によっても性格はさまざま。
病気や老いた猫の介護なども想定し、最期までお世話するという
気持ちをもってお迎えしましょう。

## 性格はみんな違う

猫はそれぞれ性格が違います。大きく分けて人なつこい猫、自立心の強い猫がいます。寂しがりやの甘えん坊は留守番が苦手。自立心が強い猫は留守番はOKですが飼い主にも近づかないなど、それぞれ。家庭環境に見合った猫を選ぶと皆が幸せになれます。

## 猫にしつけはできない！

犬はしつけることができますが、猫は基本的にしつけの難しいペットです。気ままで自由。ちょっとわがまま。「しつけ」ではなく、猫が自ら心地よく使えるトイレなど、猫の好みをなるべく早く把握して環境を整えてあげることが大切です。

## 猫は毛が抜ける動物です

猫と抜け毛は切っても切れない関係。猫の毛がじゅうたんやカーテン、洋服につくのは当たり前。とくに毛が抜け替わる春と秋の換毛期に、抜け毛をなくすことは無理だと諦めてください。ブラッシンググッズやお掃除用品を上手に使って、猫の毛と賢くつきあいましょう。

## 一生の3分の2は寝ている

猫の種類にもよりますが、子猫や若猫の時代はほとんどの猫は活発で好奇心いっぱいでいたずらもしたりします。しかし、高齢猫になるとゆったりリラックスして過ごす時間、眠っている時間も長くなります。性格や成長過程に合わせて好きなようにさせてあげましょう。

## 意外にメンタルが弱い

これも猫の種類によってさまざまですが、神経質だったり、シャイだったり、メンタル的に弱い子もいます。人見知りの猫はお客さまにかまわれただけでストレスになったり。ストレスが長期間にわたると、脱毛や異常行動など心身に影響を与えることもあるので注意が必要です。

## 高齢猫になったら介護も必要

猫の寿命は猫種や個体によって変わりますが、家猫として飼育すれば、約16歳ぐらいまで生きます。年をとれば、人間と同じく病気にかかり、体調不良も多くなりますので、看病や介護が必要になります。老衰しても、しっかりお世話をしましょう。

# 家猫たちの 1day レポート

近年は過剰な繁殖を防ぎ、多くの事故や病気を予防する手段として、生涯を家の中で過ごす家猫が増えています。そんな家猫たちが、どんなふうに一日を過ごしているのかをレポートします。

 《月齢1カ月》さわら（♀）＆いわし（♀）の気ままな一日

好奇心旺盛で社交的ないわしと、慎重で臆病なさわらは、生後1カ月で愛猫家の家にやってきました。寝るのも遊ぶのも一緒の仲よし双子姉妹から、猫の習性を学びましょう。

## 朝

### 朝は早起き
早起きは猫の習性です。おとなしくしていてくれればいいのですが、たいていはおなかがすいているので飼い主を起こしに行きます。

> さわら！ママとパパを起こしに行くよー

> おはよー

さわら（♀）

> 活動開始だニャー

いわし（♀）

> 見よ。これが、小にゃんこグルーミングだ！

### 朝食
猫に起こされてすぐに朝食を与えてしまうと、毎回、激しく起こされるようになるので注意。

> 今日も元気だ、ミルクがうまい！

### グルーミング
毛づくろいしたり顔をきれいにしたりすることを「グルーミング」といいます。猫が自分でできない部分は飼い主がケアします。

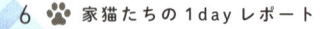

す、睡魔が

昼

アタシは
すでに限界

## 昼寝

猫の睡眠時間は1日12〜16時間、子猫は20時間以上寝ていることもあります。深い眠りではなく浅い眠りを繰り返しています。

そろそろ起きて
遊ぼーよ

## 猫の兄弟姉妹

生まれてからずっと一緒の兄弟姉妹は、じゃれあったり、体をくっつけあって寝たり、見ているとほほえましくなります。兄弟によっても性格がまったく違うのは人と一緒です。

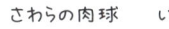

さわらの肉球　　いわしの肉球

ママがいた。
遊んでもらおー

ホレホレ

ガシガシ

## 狩猟本能

おいしいフードをもらって食べる家猫も、狩猟本能はもち続けています。遊びのなかで「狩りをしたい」という衝動を十分に満たしてあげることで、ストレスが解消されます。

やわらかくて
食べやすいニャ！

小にゃんこなんだから
仕方ないニャ

あーこんな
食べちらかしてー!!

## 離乳食

乳歯が生えてくる3週目ごろから、少しずつ離乳食に移行します。1カ月半を目安にミルクを卒業させ、フードと水の食事にしていきます。

あれ〜
助けてー!!

食べたら遊ぶ

遊び疲れたー！
ベッドで寝るニャ

夜

## 猫は夜行性か

猫は夜目がきき、暗い中でも物をとらえることができます。それは日が沈むと動き始める小動物をつかまえるためといわれています。また鳥が鳴き始める朝方も活発になる時間帯です。「薄明薄暮性」といいます。それ以外は夜も寝て体を休めているようです。

## 《月齢6カ月》銀之丞（♂）の甘えん坊な一日

エジプシャウマウは、猫種のなかでもおとなしく、人なつっこく育てやすい猫です。共働き家庭の子エジプシャウマウ銀之丞は、お留守番もしっかりこなしますが週末はそのぶん甘えん坊になるようです。飼い主が行うケアのポイントとともにお届けします。

**朝**

> おはよー、ママ、ごはんちょーだい！

> ミャキ！

### ごはんは1日2〜3回
猫は小食なので、1日に与えるフード量を小分けにしたほうがよいといわれています。少なくとも、2回、または3回程度に分けて与えましょう。

> 朝から好物のカツオだ。うまいうまい

### 投薬は獣医の指示に従って
子猫のうちは、いろいろな病気にかかりやすいものです。薬を処方されたら、正しく飲ませるのも飼い主の務め。上手に飲めない場合はフードに混ぜるなど工夫をしましょう。

> 体のためだからね、ガマンガマン

> ゴックン

ブラッシングは
ママ担当！

目と鼻は
パパ担当！

爪切りは
2人がかり！

## まめに行いたいケア

まめなケアを行うことで、ブラッシングは毛球症、目のケアは結膜炎などの病気予防につながります。また、ケアをしながら猫の様子を観察することで、早期に病気を発見することもできます。

昼

ママ、遊んでー！

ハァー！
ひと休み

## 遊びは大事な運動

家猫は生活範囲が限られているため、外猫よりも運動不足になりがちです。肥満になると糖尿病などあらゆる病気につながっていくのは人間と同様です。1日最低15分はしっかり遊んであげましょう。

このマットも
お気に入り

## お気に入りの場所を用意

冬ならばあたたかい場所、夏ならば涼しい場所に、ゆっくりとお昼寝ができる猫スペースを作ってあげましょう。人の通り道、騒音が激しい場所、トイレの近くは避けます。

ヒャッホー！

ヨッシャー！

銀え丞の肉球

お仕事してないで
遊んでー

## いろいろな味・食感のフードに慣れさせる

キャットフードには、さまざまな食感、味があります。とくにドライタイプとウェットタイプは、食感に差があるので、どちらも食べられるようにしておくほうが、いざ病気療養食になったときに困りません。

夕

夕食はカリカリ！！

夜

パパ、お酒くさいってばー

ママ、
抱っこ♥

今日も楽しい
一日だったニャ！

## 子猫のうちからスキンシップを

子猫のうちから、たくさんスキンシップをとることで、人と暮らすことに幸せを感じる、人が大好きな猫になってくれます。これから始まる家猫としての生涯のために、飼い主にぜひやっていただきたいことです。

# もくじ

## Chapter 1

### 猫を迎える ……… 15

## かわいい猫図鑑 ……… 16

## Chapter 2

### 猫と暮らす ……… 61

## 撮影協力

◎ MAINE BROS（メインクーン）
　http://mainebros.server-shared.com/

◎キャットファーム大谷
　（マンチカン・ミヌエットほか）
　http://www.wannyanoukoku.com/

◎東京ペットホーム
　（メインクーン・ミックスほか）
　http://www.tokyo-cathome.com/

◎ Tink（シンガプーラ・ミヌエットほか）
　http://peanutsfactorie.com/

◎ Cattery Bluetreasure（シャルトリュー）
　http://bluetreasurecat.wixsite.com/bluetreasure

◎ Lavanya Bengals（ベンガル）
　http://www.lavanyabengals.com/

## モデル協力猫

さわら・いわし、銀之丞、ジュテ、チャン・リン・シャン、チビ・マル、ほたて・うに、ゆず・もも、かつお、ゆず・かい・りん、ちび、くろち、なっちゃん・あかね・はづき、シパ、トラ、ニーコ・アンジュ・タミコ・チビ・ビー

## 猫写真協力

ネコセカイ（P.16 ～ 41 ほか）

## 商品のお問い合わせ

Ⓐネコセカイ　http://necosekai.net/

Ⓑリッチェル　https://www.richell.co.jp/

Ⓒアイリスオーヤマ
　http://www.irisplaza.co.jp/

Ⓓペピイ　https://www.peppynet.com/

Ⓔ iP PLUS　http://oftww.com

Ⓕ OPPO　http://www.t-oppo.jp/

Ⓖ富士通ゼネラル
　http://www.fujitsu-general.com/jp/

Ⓗアダムコーポレーション
　http://www.adamcorp.net/

Ⓘパナソニック　http://panasonic.jp/

Ⓙ新鋭　http://www.secu.jp/

Ⓚ iDOG & iCAT　http://www.idog.jp/

Ⓛアイランド トレード エンド インダストリーズ
　http://www.snowflake-jpn.com/

※掲載商品の販売が終了している場合がございます。ご了承ください。

# 猫を迎える

子猫を迎えたら、平均で16年は一緒に暮らすことになります。迎える前にきちんとした心構えや環境作りをすることが大切です。いちばん不安なのは、新しい場所に連れてこられた猫なのだということを忘れずに、やさしく接してあげましょう。

# かわいい猫図鑑

猫は世界中にたくさんの純血種がおり、顔や体、毛並み、色など猫の種類によって印象はさまざまです。日本でも入手可能な猫を中心に、姿や性格、特徴をチェックしてみましょう。好みの猫種をしぼっておくと、出会いが訪れたときに迷いません。

**上手に暮らすコツ**

活発で遊び好きです。キャットタワー、キャットウォークなどを設置し、いろいろなおもちゃでたくさん遊んであげましょう。

## エレガントな姿をした甘えん坊
# アビシニアン

古代エジプトでクレオパトラが飼っていた猫として知られており、長い歴史のなかを生きてきた猫です。しなやかな体とV字型の顔、キリッとしたアーモンド形の目と大きな耳をもち、動作は俊敏。その半面、性格はおとなしく、甘えん坊で人間が大好きです。

| 原産国 | エチオピア | 運動量 | 多い |
|---|---|---|---|
| 模様 | アグーティータビー（極細かい縞パターン） | 毛色 | ルディ、シナモン、ブルー、フォーン |
| 体重 | 3〜5kg | 体型 | フォーリン |
| 毛種 | 短毛 | 鳴き声 | 小さい |
| 目の色 | ゴールド、ヘーゼル、グリーン、カッパー | | |

## 人なつっこい寂しがりや
# アメリカンカール

歴史は浅いですが、純血種としては丈夫です。くさび型の頭部にクルミのような丸い目、外側にカールした耳が特徴。好奇心が強く、明るい性格で、犬やほかのペットとも仲よくできます。いつまでも愛らしく子猫のようなので、「猫のピーターパン」とも呼ばれます。

**上手に暮らすコツ**

一緒に遊ぶおもちゃを用意しましょう。ひとりでいると寂しがりストレスになるので、留守の多い家では2頭飼育もおすすめです。

| 原産国 | アメリカ |
|---|---|
| 体 重 | 3〜5.5kg |
| 毛 種 | 長毛 短毛 |
| 目の色 | グリーン、ヘーゼル、イエローなどさまざま |

| 運動量 | 多い |
|---|---|
| 毛 色 | ブラック、ブルー、チョコレートなどさまざま |
| 体 型 | セミフォーリン |
| 鳴き声 | 普通 |

## 引き締まったボディをもつハンター
# アメリカンショートヘア

アメリカの開拓時代に獲物を捕るハンターとして重宝され、「ワーキングキャット」との別名をもちます。穏やかな性格ながら屈強、陽気で賢く、冒険も大好きというチャーミングな猫です。

**上手に暮らすコツ**

上下運動を含め、たくさん運動させましょう。猫じゃらしなどのおもちゃで遊んであげるとおもしろいほど反応が返ってきて、遊びがいがあります。

| 原産国 | アメリカ |
|---|---|
| 体 重 | 3〜6kg |
| 毛 種 | 短毛 |
| 目の色 | グリーン、ヘーゼル、イエローなどさまざま |
| 運動量 | 多い |

| 毛 色 | シルバータビー、クリームタビー、ブラックスモークなど単色、縞模様で70種ほど |
|---|---|
| 体 型 | セミコビー |
| 鳴き声 | 普通 |

※目の色、毛色、体型については、P.36〜38をご参照ください

### これぞブサカワの代表格
# エキゾチックショートヘア

ペルシャ猫譲りのやさしく物静かな性格でたいへん愛情深い猫です。人に抱っこされたり、なでられたりが大好き。爪切り、耳掃除、お風呂も比較的簡単にやらせてくれます。決して怒らない温厚な性格で大きな器をもっています。目と鼻の距離が短いので鼻づまりや涙目に注意しましょう。

**上手に暮らすコツ**

運動量が比較的少なく、よく寝るタイプの猫ですが、飼い主と遊ぶことも大好き。スキンシップを兼ねて、たくさん遊んであげましょう。スキンシップをとらない期間が長いと、すねてしまうことも。

| 原産国 | ペルシャなど |
|---|---|
| 体　重 | 3〜5.5kg |
| 毛　種 | 短毛 |
| 目の色 | グリーン、ヘーゼル、イエローなどさまざま |
| 運動量 | 普通 |

| 毛　色 | シルバークラシックタビー＆ホワイト、ブラック＆ホワイトなどすべての毛色 |
|---|---|
| 体　型 | コビー |
| 鳴き声 | 小さい |

### 古代エジプト壁画を思わせる風格
# エジプシャウマウ

丸みのあるマズル、やや丸めのV字型の頭をもち、野性的な斑点とつり上がったアーモンド形の目が特徴。体型は細身のアスリート風で動きはしなやかです。そんな外見とは異なり、おとなしい性格で、あまり手はかかりません。

**上手に暮らすコツ**

おとなしくて人見知りをします。無理やりかまってあげなくてもひとりでちゃんと遊びますので、遊びやすいおもちゃを用意してあげるとよいでしょう。せがまれたら一緒に遊んであげてください。

| 原産国 | エジプト |
|---|---|
| 模　様 | スポテッドタビー |
| 体　重 | 3〜5kg |
| 毛　種 | 短毛 |
| 目の色 | 淡いグリーン |
| 運動量 | 普通 |
| 毛　色 | シルバー、スモーク、ブロンズの3種 |
| 体　型 | セミフォーリン |
| 鳴き声 | 普通 |

## 外見のクールさと内面のやさしさが魅力
# サイベリアン

ロシアで自然発生した猫種。シベリアの冬を生き抜いてきた歴史があり、温厚で忍耐強く、とても賢いのは厳しい環境が作りあげたもの。鋭い眼光ときりりとした姿でハンティング能力にも長けています。猫アレルギーにかかりにくい猫ともいわれています。寒さに強く、暑さには弱い。

☘ かわいい猫図鑑

### 上手に暮らすコツ
日常の運動は不可欠。キャットタワーを用意して十分運動させましょう。屈強な肉体と美しい被毛を維持するために高たんぱくの食事も必要です。長毛種なので毎日のブラッシングも大切です。

| 原産国 | ロシア |
|---|---|
| 体　重 | 5 〜 7kg |
| 毛　種 | 長毛 |
| 目の色 | グリーン、ゴールド、カッパーなど |
| 運動量 | 多い |

| 毛　色 | ブラック、ホワイト、チョコレート、シナモン、レッド、ライラック、クリーム |
|---|---|
| 体　型 | ロング＆サブスタンシャル |
| 鳴き声 | 普通 |

## セレブ感あふれる優雅な姿
# シャム

「タイの秘宝」とも呼ばれるシャム猫。V字型の顔、美しいしっぽとスリムなボディ、サファイアブルーの瞳が印象的で、高貴な雰囲気に魅了されます。賢く、感受性が豊かで、時として激しい自己顕示欲を見せつつも、心を許した相手には忠誠心を見せ、飼い主には甘えん坊の素顔を見せます。

| 原産国 | タイ |
|---|---|
| 模　様 | 白色もしくはクリーム色に茶系のポイント |
| 体　重 | 3 〜 4kg |
| 毛　種 | 短毛 |
| 目の色 | サファイアブルー |
| 運動量 | 多い |
| 毛　色 | 白、クリームなど |
| 体　型 | オリエンタル |
| 鳴き声 | 大きい |

### 上手に暮らすコツ
高いところが大好きで木登りも得意。運動量が多く、活発なので広いスペースを用意。ケガをしないよう家具の配置には注意が必要です。寒さには弱いので、冬は室温を高めに設定しましょう。

**豪華なブルーの被毛をもつ
ほほえみの猫**

# シャルトリュー

ブルー（銀灰色）の御三家のひとつで、重量感のある胴体にほっそりとした四肢が特徴です。なだらかな曲線を描く額、丸みを帯びた頭部と狭い鼻から生まれる「ほほえみ」の表情に癒されます。厳しい環境に適応するなかで育まれたといわれる忍耐力、深い懐があり、飼い主には従順です。

| 原産国 | フランス |
|---|---|
| 体　重 | 4 〜 6.5kg |
| 毛　種 | 短毛 |
| 目の色 | ゴールド、オレンジ、カッパー |
| 運動量 | 多い |
| 毛　色 | ブルー（銀灰色） |
| 体　型 | セミコビー |
| 鳴き声 | 小さい |

**上手に暮らすコツ**

屈強な骨格、広い肩幅と厚い胸板をもつシャルトリューは風格があります。この風格を保つためには、高カロリー、高たんぱくの食事を与え、運動量も多めを心がけましょう。

**独占欲の強い「小さな妖精」**

# シンガプーラ

現在公認されている純血種のなかでは、世界最小の猫種。黒いアイラインで縁取られたアーモンド形のぱっちりとした目も印象的です。運動能力が高いので、一緒に遊んであげると喜びます。何にでも興味津々。ひざに乗ってきてパソコン作業や読書の邪魔をすることもあります。

| 原産国 | シンガポール |
|---|---|
| 体　重 | 2 〜 3.5kg |
| 毛　種 | 短毛 |
| 目の色 | グリーン、ヘーゼル、イエローなどさまざま |
| 運動量 | 多い |
| 毛　色 | セーブル |
| 体　型 | セミコビー |
| 鳴き声 | 小さい |

**上手に暮らすコツ**

ほかの猫やペットに対して嫉妬することもあり、自分をいちばんかわいがってほしいと思っていますから、多頭飼いには向きません。背の高い家具から家族の肩をめがけて飛ぶこともあるので注意が必要です。

## 垂れた耳が愛らしく人気絶大な猫
# スコティッシュフォールド

「フォールド」とは「折れる」の意味で、前に折れ曲がった特徴的な耳をもつ愛らしい猫です。のんびり、おっとり、穏やかな性格で感情を表に出しません。とても甘えん坊なのでひとりきりの留守番や飼い主にかまってもらえないとそれがストレスになります。遊んであげましょう。

### 上手に暮らすコツ

耳が垂れている分、ほかの猫と比べると耳の中が汚れやすいので、1週間に1回は耳の手入れをしてあげましょう。手入れ法がわからないときには獣医にアドバイスをもらってください。

| | |
|---|---|
| 原産国 | スコットランド |
| 体 重 | 3〜6kg |
| 毛 種 | 短毛 長毛 |
| 目の色 | グリーン、ヘーゼル、イエローなどさまざま |
| 運動量 | 普通 |

| | |
|---|---|
| 毛 色 | ブラック、ブルー、チョコレートなどさまざま |
| 体 型 | セミコビー |
| 鳴き声 | 普通 |

### 雪のような白い靴をはいた猫
# スノーシュー

シャムの上品な顔立ちとブルーの目、アメリカンショートヘアのどっしりとした体格を受け継いだエレガントな猫です。陽気で社交的な性格なので人間のそばにいることを好みます。甘えたがりで家族と遊ぶのも大好きです。おもちゃなどでたくさん遊んであげましょう。

| | |
|---|---|
| 原産国 | アメリカ |
| 体 重 | 3〜6kg |
| 毛 種 | 短毛 |
| 目の色 | ブルー |
| 運動量 | 多い |
| 毛 色 | チョコレート、ブルーなどポインテッドカラーと白の組み合わせのバイカラー |
| 体 型 | セミフォーリン |
| 鳴き声 | 小さい |

**上手に暮らすコツ**

学習能力がとても高く、ドアを開けてみるなどお手のもの。思いもかけないいたずらをしたりするやんちゃな一面があるので、危険がないよう気配りを忘れずに。

### 個性的なルックスと
### 心地よい肌触りが魅力
# スフィンクス

大きな目と耳、しわくちゃな肌が不思議な魅力をかもし出すスフィンクス。スティーブン・スピルバーグ監督の映画『Ｅ.Ｔ.』のモデルにもなりました。賢くて人なつこく、陽気で遊び好きな性格は見た目とは異なり、そのギャップも魅力的です。無毛なので暑さ、寒さに弱いので注意が必要です。

| | |
|---|---|
| 原産国 | カナダ |
| 模 様 | すべての柄 |
| 体 重 | 3〜5kg |
| 毛 種 | 無毛種 |
| 目の色 | グリーン、ヘーゼル、イエローなどさまざま |
| 運動量 | 多い |
| 毛 色 | クリーム、チョコレート、フォーン、シールポイントなどすべての色 |
| 体 型 | セミフォーリン |
| 鳴き声 | 普通 |

**上手に暮らすコツ**

無毛のためボディはデリケート。外傷を負いやすく、紫外線にも弱いので、室内での単独飼育がおすすめです。皮脂や汚れがたまりやすいので、蒸しタオルで小まめに汚れを拭きとってあげましょう。

## ぬいぐるみのような
## ふわふわの巻き毛に一目惚れ
# セルカークレックス

丸い顔に短めの鼻、大きくて丸い目という愛嬌のある顔立ちが人気です。特徴である巻き毛の被毛はビロードのように厚く、ボリュームたっぷり。人なつこくてお茶目。ぬいぐるみのような外見そのままに穏やかな性格で甘えん坊。夜は飼い主の布団に入るのも大好きです。

**上手に暮らすコツ**

成猫になると落ち着いて太りやすい傾向なので、子猫のころから遊びによって体を動かす習慣をつけましょう。キャットタワーは安定したものを選んであげましょう。皮脂が多いので毎日のブラッシングも欠かせません。

| 原産国 | アメリカ |
|---|---|
| 体重 | 3〜6.5kg |
| 毛種 | 短毛 長毛 |
| 目の色 | グリーン、ヘーゼル、イエローなどさまざま |
| 運動量 | 普通 |

| 毛色 | ブラック、ブルー、チョコレートなどさまざま |
|---|---|
| 体型 | セミコビー |
| 鳴き声 | 普通 |

**上手に暮らすコツ**

賢く、協調性にも優れていますが、繊細な面もあり、ストレスを抱えると病気の原因にもなります。不安にさせない落ち着いた環境でたっぷりの運動とコミュニケーションを心がけましょう。

## 鈴を転がすような鳴き声が魅力の猫
# ソマリ

アビシニアンの長毛種で、小さなV字型の顔に大きな耳、アーモンド形の大きな目、しっぽは長く、被毛よりも長めの毛でふさふさです。つま先立ちしているように見えるバランスのよい四肢で「バレエキャット」とも呼ばれます。コミュニケーションがとりやすく、しつけもしやすい賢い猫です。

| 原産国 | イギリス |
|---|---|
| 模様 | ティックドタビー |
| 体重 | 3〜5kg |
| 毛種 | 長毛 |
| 目の色 | グリーン、ヘーゼル、ゴールド、カッパー |
| 運動量 | 多い |
| 毛色 | ルディ、シナモン、ブルー、フォーン |
| 体型 | フォーリン |
| 鳴き声 | 小さい |

## ミンクのような手触りで愛嬌たっぷり
# トンキニーズ

バーミーズとシャムのよいところを受け継いだ猫です。四肢や顔、耳やしっぽにポイントをもちます。アーモンド形の目、細長いしっぽ、自慢の被毛はミンクのような手触りでつやつや。活動的で愛情深く、愛嬌たっぷり。頭がよくコミュニケーションがとりやすいのも特徴です。

### 上手に暮らすコツ
活発でいつも動き回っているのでキャットタワーなどを置いて環境を整えてあげましょう。蛇口や洗濯機、トイレの水にも興味をもつので、水への転落には注意。

| 原産国 | アメリカ・カナダ | | 運動量 | 多い |
|---|---|---|---|---|
| 模様 | ポイント | | 毛色 | シール、ブルー、チョコレート、ライラックなど |
| 体重 | 3〜5kg | | | |
| 毛種 | 短毛 | | 体型 | セミフォーリン |
| 目の色 | アクア、グリーン、ブルーなど | | 鳴き声 | 普通 |

## 「森の妖精」とも呼ばれる神秘的な猫
# ノルウェージャンフォレストキャット

ゴージャスな長毛におおわれ、被毛は防寒・防水性に優れ、北欧の厳しい自然を生き抜いてきた歴史を伝えます。シャープでたくましい印象ですが、穏やかで賢く、辛抱強くてやさしい性格をもち合わせています。人やほかの猫とのコミュニケーションも好みます。高いところに登るのが大好きです。

| 原産国 | ノルウェー |
|---|---|
| 模様 | タビー |
| 体重 | 3.5〜6.5kg |
| 毛種 | 長毛 |
| 目の色 | グリーン、ヘーゼル、イエローなどさまざま |
| 運動量 | 多い |
| 毛色 | ブラック、ホワイト、ブルー、レッド、クリームなど |
| 体型 | ロング＆サブスタンシャル |
| 鳴き声 | 普通 |

### 上手に暮らすコツ
しっかりとした骨格と筋肉、美しい被毛を育てるため、良質の食事を与えましょう。上下運動を好むため、家具や本棚の上部にも上がります。家具の配置に注意。ブラッシングはまめに。シャンプーは必要に応じて。

## 白い足の先っぽで心をキャッチ
# バーマン

黒みがかった顔に澄んだブルーの瞳が魅惑的。
白い手袋と靴下をはいたような四肢の先が愛猫
家の心をひきつけます。甘えん坊で寂しがりや。
興味津々にパソコンのキーボードを触ったり、
広げた新聞に乗ってきたり、洗濯物とじゃれた
り……、それはかまってほしいサインかも。

| 原産国 | ビルマ（ミャンマー） |
|---|---|
| 模様 | ポイント |
| 体重 | 3〜6.5kg |
| 毛種 | 長毛 |
| 目の色 | サファイアブルー |
| 運動量 | 多い |
| 毛色 | シール、ブルー、シルバー、ライラック、チョコレート、クリームなど |
| 体型 | ロング＆サブスタンシャル |
| 鳴き声 | 普通 |

### 上手に暮らすコツ
子猫から若猫のころは活発ですが、成猫になると運動をあまりしなくなり、太りやすくなっていきます。肥満になると病気になる確率が高くなるので、成猫になったら食事の管理をしっかりと行いましょう。

## つややかでサテンのような
## 被毛がゴージャス
# バーミーズ

豊かな色彩から「絹で包まれたレンガ」とも呼ばれています。どの毛色でも顔やしっぽに濃いポイントをもつのが特徴です。顔や目、鼻、胴などすべてのパーツが丸みを帯びて愛らしい印象。遊び好きで、興味をひかれるものがあれば、何時間でもひとりで遊びます。

### 上手に暮らすコツ
人なつっこく、おおらかで、とても賢い猫です。ほかのオリエンタル種より は静かでおとなしい性格です。ひとり遊びも好きなので、あまり手はかかりません。お気に入りのおもちゃを見つけてあげましょう。

| 原産国 | ビルマ（ミャンマー） |
|---|---|
| 模様 | ポイント |
| 体重 | 3〜5.5kg |
| 毛種 | 短毛 |
| 目の色 | ゴールド |
| 毛色 | セーブル、チョコレート、ブルーなど |
| 体型 | コビー |
| 鳴き声 | 小さい |

### 猫界きっての威厳を放つ哲学者
# ヒマラヤン

ポイントの毛色がヒマラヤウサギに似ていることから、その名を与えられました。今も昔も人気のあるペルシャとシャムの特徴をもちます。ずんぐりとした体型、つぶれた顔、ふさふさの被毛に温和な性格、愛らしいポイントが特徴です。成猫になるとくつろいで過ごすのが好きなのでかまいすぎないように。

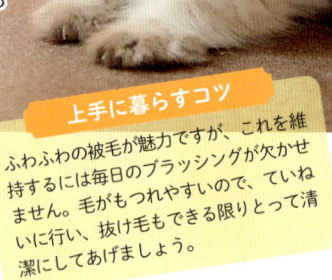

| 原産国 | アメリカ |
|---|---|
| 模様 | ポイント |
| 体重 | 3〜5.5kg |
| 毛種 | 長毛 |
| 目の色 | サファイアブルー |
| 運動量 | 普通 |
| 毛色 | シール、ライラック、チョコレート、クリームなど |
| 体型 | コビー |
| 鳴き声 | 小さい |

**上手に暮らすコツ**

ふわふわの被毛が魅力ですが、これを維持するには毎日のブラッシングが欠かせません。毛がもつれやすいので、ていねいに行い、抜け毛もできる限りとって清潔にしてあげましょう。

### 猫らしいプライドと
### 威厳をもつハンター
# ブリティッシュ
# ショートヘア

ルイス・キャロルの『不思議の国のアリス』に登場するチェシャ猫はこの猫がモデル。誇り高く、頭もよく、飼い主の手をわずらわせることもありません。ひざの上よりソファに寝そべるほうが好きなので、留守番も落ち着いてこなせます。たくましく生きていくイメージですが、甘えん坊の一面も。

| 原産国 | イギリス |
|---|---|
| 模様 | タビー |
| 体重 | 3〜5.5kg |
| 毛種 | 短毛 長毛 |
| 目の色 | グリーン、ヘーゼル、イエローなどさまざま |
| 運動量 | 多い |
| 毛色 | ブルー、ブラック、クリーム、キャリコ、ブルークリーム、シルバーなど |
| 体型 | セミコビー |
| 鳴き声 | 普通 |

**上手に暮らすコツ**

筋肉質なボディなので高カロリー、高たんぱくの食事を心がけます。中年齢以降は太りやすいのでたくさん遊ばせて、きちんと運動をさせましょう。スキンシップを兼ねて遊んであげると喜びます。

**豪華でエレガントな猫の王様**

# ペルシャ

全身をおおう、ふさふさと豊かな長毛、大きな丸い目と低い鼻が特徴です。穏やかで落ち着きがあり、品のよさを感じさせるところから『猫界の王様』といった表現も使われます。甘えすぎることもなく、留守番をさせても寂しがりませんが、家族のことは大好きです。

| 原産国 | イギリス |
| --- | --- |
| 模　様 | ソリッドタビー、バイカラーなど |
| 体　重 | 3〜5.5kg |
| 毛　種 | 長毛 |
| 目の色 | グリーン、ヘーゼル、イエローなどさまざま |
| 運動量 | 普通 |
| 毛　色 | ホワイト、ブルー、クリーム、ブルー、チョコレート、ライラック、シナモンなど |
| 体　型 | コビー |
| 鳴き声 | 小さい |

**上手に暮らすコツ**

運動はさほど必要としませんが、太りやすいので食事での体重管理が大切です。豊かな長毛は放置すると毛玉が増え、皮膚炎や毛球症の原因になるので、日々のブラッシングを忘れずに。

---

**野性味あふれるスポーツマン**

# ベンガル

アジアンレパードと家猫の交雑であるベンガルは、たくましいとバネのある四肢を持ち、ワイルドなたたずまい。ヒョウ柄やマーブルなど美しい模様も大きな魅力です。外見に似合わず、性格は明るくフレンドリーで甘えるのも大好き。鳴き声でコミュニケーションをとるなど社交的です。

| 原産国 | アメリカ |
| --- | --- |
| 模　様 | ロゼットに代表されるスポテッド、マーブルやタビー |
| 体　重 | 3.5〜7kg |
| 毛　種 | 短毛 |
| 目の色 | ゴールド、カッパー、グリーン、ブルーなど |
| 運動量 | 多い |
| 毛　色 | ブラウンスポテッドタビー、シルバースポテッドタビー、シールミンクマーブルドタビーなど |
| 体　型 | ロング＆サブスタンシャル |
| 鳴き声 | 大きい |

**上手に暮らすコツ**

活発なので多くの運動量が必要です。運動不足はストレスになり、脱毛や威嚇、攻撃など心身に影響が出ます。上下運動ができるようキャットタワーを備えるなど環境を整えましょう。

## チャーミングな猫界の ダックスフンド

# マンチカン

短い四肢が特徴です。短い足でも
ジャンプや木登りが大好き。非常
にパワフルでスピード感がありま
す。明るく元気で探求心も旺盛。
好奇心も強く、運動量は多いほう
です。飼い主を心から信頼し、ベ
タベタとくっついてくる甘えん坊
でもあります。

### 上手に暮らすコツ

活発なのでキャットタワーやタンスの
上など十分に運動できるスペースを作
り、たくさん運動させましょう。長毛
でも縮れる毛質ではないので手入れも
楽です。

| 原産国 | アメリカ |
|---|---|
| 模様 | タビー、ポイント、バイカラーなど |
| 体重 | 3〜6kg |
| 毛種 | 短毛 長毛 |
| 目の色 | グリーン、ヘーゼル、イエローなどさまざま |
| 運動量 | 多い |

| 毛色 | ホワイト、レッド、ブラック、ブルー、チョコレート、ライラックなど |
|---|---|
| 体型 | セミフォーリン |
| 鳴き声 | 小さい |

## しなやかな身のこなしは小さな黒ヒョウさながら

# ボンベイ

無駄のない美しい筋肉、足は長く、しっぽはムチのように先端に向かい細くなっています。漆黒の被毛はエナメルのようなつやをもち、手触りはサテンのよう。クールな外見とは裏腹に明るく穏やかな性格で、子どもや犬などほかのペットを含む家族のだれとでも仲よくなります。

| 原産国 | アメリカ |
|---|---|
| 体　重 | 3.5 〜 5.5kg |
| 毛　種 | 短毛 |
| 目の色 | ゴールド、カッパー、オレンジ |
| 運動量 | 多い |
| 毛　色 | ブラック |
| 体　型 | セミコビー |
| 鳴き声 | 普通 |

### 上手に暮らすコツ

好奇心が強くて、運動が大好き。高いところも好きなのでキャットタワーを用意し、家具の上は整理しておきましょう。十分にかまってあげないと注意をひくため部屋を散らかすことも。

## マイペースな甘えん坊

# ミヌエット

以前は「ナポレオン」と呼ばれ、日本での認知度はまだ低く、かなりの希少種です。ペルシャ系猫の甘えん坊な性格とマンチカンの好奇心、活発さを兼ね備えています。丸みのある体に短い四肢で子猫のころは元気いっぱいに大暴れ。成猫になると落ち着きますが、人にかわいがってもらうのは大好きです。

| 原産国 | アメリカ |
|---|---|
| 体　重 | 2 〜 4kg |
| 毛　種 | 長毛　短毛 |
| 目の色 | ブルー、グリーンなど |
| 運動量 | 多い |
| 毛　色 | ホワイト、レッド、ブルーなど |
| 体　型 | セミコビー |
| 鳴き声 | 小さめ |

### 上手に暮らすコツ

家族が大好きなので、いっぱい遊んであげましょう。若いうちはしっかり運動のできる環境が必要です。長毛のダブルコートでやわらかい毛質のため、できれば毎日ブラッシングを。

## ビッグなボディの心やさしい猫
# メインクーン

自然の厳しさによって鍛えられた
ボディはがっしりと強固。自慢の
被毛は厚くてとてもシルキー。ワ
イルドな外見に対し、性格は穏や
かで、頭もよく、犬などほかのペッ
トや子どもとも仲よくなれます。
防水・防寒のため被毛には皮脂が
あり、汚れやすいのでブラッシン
グは欠かせません。

**上手に暮らすコツ**

大型種なので高カロリー、高たんぱくの
食事を与えるのと同時に運動もたっぷ
りと。高いところに登るのも好きですが、
体が大きいのでキャットタワーは頑強
なものを選んで安全対策を万全に。

| 原産国 | アメリカ |
|---|---|
| 模様 | ソリッド、タビー、トーティーなど |
| 体重 | 5～9kg |
| 毛種 | 長毛 |
| 目の色 | グリーン、ヘーゼル、イエローなど |
| 運動量 | 多い |

| 毛色 | ホワイト、ブルー、ブラック、チョコレート、ライラック、シナモンなど |
|---|---|
| 体型 | ロング＆サブスタンシャル |
| 鳴き声 | 小さい |

## いつまでも子猫のように
## 好奇心いっぱい
# ラガマフィン

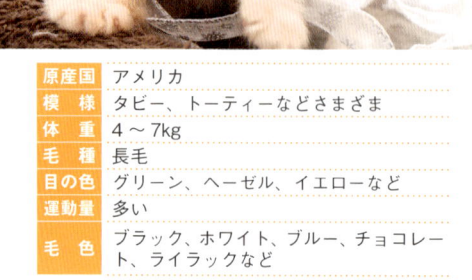

丸めの頭にややつり上がった丸い目。全体
的に丸みを帯びているのが特徴です。しっ
ぽは長くやわらかな毛で豊かにおおわれて
います。性格は穏やかでおとなしく、飼い
主と触れあうことも大好き。おもちゃで遊
んでもらうと喜びます。ほかの猫やペット、
子どもとも上手につきあえます。

**上手に暮らすコツ**

しっかりした筋肉質のボディをサポー
トするためには、高カロリー、高たん
ぱくの食事が必要です。そのぶん、たっ
ぷり運動もさせましょう。上下運動も
しっかりできる環境を用意してあげる
とストレスもたまりません。

| 原産国 | アメリカ |
|---|---|
| 模様 | タビー、トーティーなどさまざま |
| 体重 | 4～7kg |
| 毛種 | 長毛 |
| 目の色 | グリーン、ヘーゼル、イエローなど |
| 運動量 | 多い |
| 毛色 | ブラック、ホワイト、ブルー、チョコレート、ライラックなど |

| 体型 | ロング＆サブスタンシャル |
|---|---|
| 鳴き声 | 小さい |

## ぬいぐるみのような愛らしさ
# ラグドール

大きめの頭、ふっくらとした頬、くりくりっとした卵形の目、ふさふさとしたしっぽなどまさにぬいぐるみのよう。活発に活動するよりはリラックスして過ごすのが好きです。ほかの猫やペットよりも人間に関心をもち、さりげなく傍らにいるような猫です。成猫になるのに3〜4年かかります。

| 原産国 | アメリカ |
|---|---|
| 模様 | ポイントバイカラー |
| 体重 | 4〜7kg |
| 毛種 | 長毛 |
| 目の色 | サファイアブルー |
| 運動量 | 多い |
| 毛色 | シール、ブルー、チョコレート、ライラック、シナモンなど |
| 体型 | ロング＆サブスタンシャル |
| 鳴き声 | 普通 |

### 上手に暮らすコツ
筋肉質の体と美しい被毛を作るために栄養バランスのよい食事を心がけましょう。日本の高温多湿の夏は長毛猫にはつらいもの。空調管理とともに抜け毛の手入れもしっかりと行えば快適に暮らせます。

## ほほえむような口元と
## グリーンの瞳に胸キュン
# ロシアンブルー

ロシアの貴族が大切に育てていたと伝えられている猫で、高貴で美しい姿に魅せられます。くさび型の小さな頭にエメラルドグリーンの大きな目、切れ上がった口元はほほえんでいるようにも見え「ロシアンスマイル」と呼ばれます。プライドが高く、気難しい面もあり、帝王や女王の雰囲気です。

### 上手に暮らすコツ
若猫のころは活発なので、信頼関係を築くためにも積極的に遊びましょう。繊細な性格で日常のささやかなことがストレスになることも。ストレスが長引くと心身に不調をきたすので注意しましょう。

| 原産国 | ロシア |
|---|---|
| 体重 | 3〜5kg |
| 毛種 | 短毛 |
| 目の色 | グリーン |
| 運動量 | 多い |
| 毛色 | ブルー |
| 体型 | フォーリン |
| 鳴き声 | 小さい |

### 日本一飼育数が多い
### 生命力あふれる猫

# ミックス

別の猫種同士で交配した結果生まれた猫は
すべて雑種に分類されます。ミックスの性
格は千差万別。育ててみないとわかりませ
ん。一般に短毛の子は元気で活発。長毛の
子は穏やかでおとなしい性格といわれてい
ます。純血種に比べ、生命力が非常に旺盛
です。

**上手に暮らすコツ**

外飼いするか、室内飼いするかで寿命
に大きな差が生じます。室内飼いの場
合は十分な運動量の確保が必要です。
外飼いでは、交通事故にあう危険、ほ
かの猫とのケンカ、病気の罹患などリ
スクが増えることもあります。

| | |
|---|---|
| 模　様 | さまざま |
| 体　重 | 3〜6kg |
| 運動量 | 適度に必要 |
| 目の色 | |
| 毛色型 | 個体によりさまざま |
| 体　型 | |
| 鳴き声 | |

# 一緒に暮らす猫を迎えよう

猫は家族です。病気、引っ越し、家族構成の変化など、長い歳月のなかでぶつかるさまざまな壁をともに乗り越え、仲よく楽しく暮らせる猫と出会いたいですね。

 **Step 1 猫のイメージをしぼる**

世界中に100種以上の猫種がいて、現在もなお増え続けているといわれています。どんな猫と一緒に暮らしたいかのイメージをある程度しぼっておくことが大切です。

 **Step 2 入手場所を決める**

ペットショップが一般的ですが、猫種にこだわりたい方は、その猫種を専門に繁殖しているブリーダーから入手する方法もあります。保護団体もブリーダーが運営するキャッテリーも、インターネットで探すことができます。

 **Step 3 会いに行く**

ペットショップの場合は、ケージから出してもらい直接、抱っこさせてもらいましょう。保護団体、キャッテリーなどのサイトでお目当ての猫を見つけたときも、一度は見学をしましょう。

 **ふわもこ学 好発疾患について**

好みの猫種がある方は、その猫種の好発疾患（かかりやすい病気）について調べておきましょう。病気の早期発見につながります。

アビシニアン／アミロイドーシス
アメリカンショートヘア／肥大性心筋症
スコティッシュフォールド／骨軟骨異形成症
メインクーン／肥大性心筋症
ペルシャ／多発性腎のう胞
など

# 猫のイメージをしぼる

Step 1

 **オス♂かメス♀か**

おしなべて、オスはやんちゃで活発、甘えん坊なところがあります。人なつこく、おもちゃなどで遊ぶのも大好きです。メスは比較的おとなしく気まぐれで、自立心が強いといわれています。運動量も少なく、飼い主との距離感を上手にとります。

**オスの特徴**
- やんちゃ
- 活発
- 甘えん坊

**メスの特徴**
- おとなしい
- 気まぐれ
- 自立心が強い

 **ふわもこ学 子猫の雌雄の見分け方**

生後間もない子猫の雌雄の区別は、わかりにくいことがあります。見分け方のポイントです。

♂ 1 肛門と尿の出口の距離が長い
2 陰嚢と思われるふくらみがある

♀ 1 肛門と尿の出口の距離が短い
2 陰嚢がない
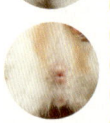

 **純血種かミックスか**

先祖が明確で品種として確立している猫を「純血種」といいます。基準を満たしていれば、公認団体が発行する「血統書」が発行されます。それ以外の猫を一般に「ミックス（雑種）」といいます。純血種同士の交配で、公認されていない猫種もミックスと呼ばれます。

**純血種の特徴**
- 猫種ごとに性格の特徴が出やすい
- 成長後の姿、大きさ等がイメージできる

**ミックスの特徴**
- 純血種よりも丈夫で病気にかかりにくい
- 成長後の姿、大きさが予測しづらい

 **ふわもこ学 血統書って？**

その猫の両親や生年月日が記録された書面で、血統を証明するものです。日本でも、世界的な公認団体のものをはじめ、さまざまな血統書が発行されています。

**主な公認団体**

▲ ACC による血統書

「CFA」
THE CAT FANCIERS' ASSOCIATION, INC.
アメリカ・オハイオ州に本部

「TICA」
The International Cat Association
アメリカ・テキサス州に本部

「ACC」
ASIA CAT CLUB
日本の団体で、中央ケネル事業協同組合連合会が主宰

## 子猫か成猫か

子猫から飼い始めるか、成猫を飼うか。迷った場合、それぞれのメリットやデメリットを知っておくとよいでしょう。子猫には子猫の、成猫には成猫のよさがあります。

### ふわもこ学　子猫は一般的に3カ月までは母猫と過ごします

赤ちゃん猫は人間の赤ちゃん同様、ケアがとてもたいへんです。ミルクを数時間ごとに飲ませ、尿や便の始末も手間がかかります。離乳食への移行など専門的な知識も必要なので、3カ月は母猫から離さず育てるのが一般的です。

## 短毛種か長毛種か

猫には短毛種と長毛種がいます。きりりと引き締まったボディに美しい毛色が密生する短毛種。それに対しふわふわでさらさらの長い毛をまとう長毛種。それぞれの特徴を知ったうえで選択しましょう。

### ふわもこ学　被毛の種類

被毛にはオーバーコートとアンダーコートの2種類があります。オーバーコートは保護毛ともいい、被毛のなかで最も長く、皮膚を保護するための上毛です。アンダーコートはオーバーコートの下に生えている短い毛のこと。被毛をふっくらと見せ、保温効果があります。

### 子猫の特徴

- 活発で好奇心がある。何にでも興味をもつので、いたずらをしてしまうことも
- 消化機能も未熟なので、栄養豊かで消化のよいフードを与える必要がある
- 遊んでもらうのが大好き。遊びながら人とのコミュニケーションのとり方を学ぶ

### 成猫の特徴

- 落ち着いて、ゆったり過ごすことが多くなる
- その猫種本来の毛種や模様が完成し、それぞれの性質も見定めることができるようになる
- 運動不足で肥満になる猫が増える。適度な運動と適量の食事を心がける必要がある

### 短毛種の特徴

- つややかな毛ざわりが魅力のひとつ
- スポット、タビーなどの模様がいろいろある
- ブラッシングは、気にならなければしなくてもよいことがほとんど

### 長毛種の特徴

- 毛のお手入れが欠かせない。毛球症にかかりやすく、毛玉を吐く頻度も高い
- 毛がもつれやすいので、美しい被毛を保つには、適宜ブラッシングが必要
- 被毛が長いぶん、暑さに弱い

## 色、模様、呼び方

猫の魅力のひとつに毛並みの色合いや模様の美しさがあります。どんな毛色、模様があるのか知ったうえで、好みの子を探してみましょう。呼び方も独特です。

### ソリッド

1色の毛でおおわれ、模様のない猫です。純白の毛並みが美しい白、全身が黒い毛でおおわれた黒など、毛色で印象が異なります。

**白**

白はどんな猫種でも、高貴な印象をもつ。

**黒**

『魔女の宅急便』でもおなじみの黒。

**ブルー**

癒し系のブルーといわれるシャルトリュー。

### バイカラー

縞模様などがなく、2つの色をもつ猫です。ブラックアンドホワイト、ブルーアンドホワイトがいます。

ブルーアンドホワイトで色の入り方は八割れ（P.37 参照）。

### キャリコ

茶、黒、白の3色が交ざった猫をいいます。いわゆる三毛猫のこと。キャリコとは「まだら」の意味です。

遺伝子的な理由でほとんどが女の子。

### タビー

タビーとは縞やスポットなど、ベースの被毛に別色で模様が入っている状態をいいます。全身だけでなく、部分的に入っているパターンもあります。

おなかのあたりで渦を巻く柄は「クラシックタビー」といいます。

優美なボディにスポット模様が特徴のエジプシャンマウ。

アビシニアンは「アグーティータビー」と呼ばれ、一本一本の毛が2〜3色の濃淡による縞柄。

### トーティー

黒と茶のまだら模様を「トーティー」と呼びます。英語で「べっ甲」を意味し、日本では金属の錆色に似ているため「サビ」と呼ばれています。

トーティーに白が入った珍しい模様のメインクーン。

**ふわもこ学**

### 無毛のスフィンクス

実際には薄いピンク色の短毛におおわれており、ボディのしわしわとともに不思議な魅力をかもしだします。

## 顔

猫の顔は顔の形、目の色、耳の形、鼻の位置などにより、印象がまったく異なります。顔の形から性格がわかるという説もあり、興味深いですね。

### 顔の形

猫の毛の下には、猫ごとに異なった輪郭が隠れています。三角、丸、四角などの顔の形によって性格も違うといわれています。

| 三角 | 丸 | 四角 |
|---|---|---|
|  |  |  |
| 好奇心が強く活発。利発で自立心が強い。 | 甘えん坊で寂しがりや。臆病で人見知りをする猫も。 | 社交的で愛情深く、人との距離感をとるのが上手。 |

### ふわもこ学 色の入り方

どんなパターンで色柄が入るのかもさまざまです。顔に入る典型的なパターンをご紹介します。

| 八割れ | ポインテッド |
|---|---|
|  |  |
| 頭頂部の平たい部分の濃い毛が左右八の字状に離れているのが特徴。 | 顔や耳、四肢の先、しっぽなどだけに色がついているパターン。 |

### 目の色

メラニン色素の量で色が決まります。ブルー、グリーン、ヘーゼル、アンバー、カッパーなど透き通ったガラスのような美しさです。

| ブルー | ヘーゼル |
|---|---|
|  |  |
| 成猫でブルーは希少。 | グリーンとイエローの間の色合い。 |

**キトンブルー**

2カ月後

0〜2カ月ぐらいまでの子猫はメラニン不足の影響で、みんなブルーの瞳です。これを「キトンブルー」といいます。

### 耳の形

大きさ、形などさまざまで、なかには特徴的な耳をもつ猫種もいます。それぞれ魅力ある表情をつくります。

| 大きい | 折れている | カールしている |
|---|---|---|
|  |  |  |
| 三角顔のシャムやアビシニアンは、比較的耳が大きめ。 | スコティッシュフォールドといえば「折れ耳」がトレードマーク。 | アメリカンカールは、突然変異で、耳が外側に反り返っている。 |

❀ 一緒に暮らす猫を迎えよう

猫の顔のどの位置に鼻
がくるかで、印象が
まったく異なります。
同じ猫種でも個体差が
あります。

下め

中間

上め

鼻が下めの猫は鼻筋が
通っていて知的な印象。

鼻が中間あたりの猫は、
いわゆる猫らしい顔つき。

鼻が上めの猫は、お茶
目な表情が魅力。

 **体 型**　猫のボディは大きく分けて6つの体型があります。1万年近くか
けて世界中に広まった猫はその土地の風土に適応しながら体型を
完成させてきました。ボディタイプと代表的な猫種を紹介します。

コビー

全体的に筋肉質でどっしりとし
た体型。ペルシャ、ヒマラヤン、
エキゾチックショートヘアなど。

フォーリン

スレンダーながらも筋肉質、ほ
どよいスタイルです。アビシニ
アン、ロシアンブルーなど。

オリエンタル

コビーとは対極にスリム。頭は逆
三角で、四肢と胴体はほっそりし
ています。シャムなど。

セミコビー

重心がコビーよりもやや高く、四
肢、胴体はコビーよりも長いタイ
プ。アメリカンショートヘア、ブ
リティッシュショートヘアなど。

セミフォーリン

コビーとオリエンタルの中間。
フォーリンよりもややどっしり
感がある。マンチカン、エジプ
シャンマウ、トンキニーズなど。

ロング＆サブスタンシャル

大型で胴体が長く筋肉質で、ほ
とんどが長毛種。メインクーン、
サイベリアン、ノルウェージャ
ンフォレストキャットなど。

 **体　格**

ほっそりスリムで体重の軽い小型から、どっしりと重たく、全体が大きくなる大型猫までさまざま。体格によって摂取カロリーも違ってきます。

小型

成猫になっても3.5kg以内のシンガプーラ。

大型

シンガプーラと同じセミコビー体型でも、体重が平均5kgを超えるシャルトリュー。

ふわもこ学 **マンチカン**

短い四肢が特徴のマンチカン。足は短くてもボディは引き締まった筋肉質の中型タイプです。

**Memo**

## 小型の代表種シンガプーラと大型の代表種 メインクーンを抱っこして比べてみました

生後3カ月のシンガプーラ

体重は3カ月で1kg程度。おしりが、ブリーダーさんの手のひらにすっぽり収まってしまいます。

生後3カ月のメインクーン

一般的な3カ月の猫の体重が1〜1.5kgに対し、メインクーンは1.5〜2kg程度あります。

1歳のシンガプーラ

一般的な成猫の体重が3〜5kgに対し、シンガプーラは1歳になっても2kg程度なので、軽々と抱っこできます。

8カ月のメインクーン

メインクーンは3〜5歳ごろまでゆっくり成長します。写真のメインクーンは8カ月ですでに6kg。

# 猫種について知っておきたいこと

猫の品種における発生のタイプには大きく分けて「自然発生」「突然変異的発生」「人為的発生」の3つがあります。

 **自然発生タイプ**

昔から存在していた固有の猫種、または、そこから自然発生的に進化した猫種です。

### アメリカンショートヘア

元はローマ帝国にいた短毛種で、ネズミを捕る猫として繁殖し、後にアメリカに渡ったといわれています。

### ペルシャ

ルーツはさまざまな説がありますが、エレガントで人になつくおとなしい猫として、古くから親しまれてきました。

### アビシニアン

古代エジプトの壁画にも残されている古い猫種。頭がよく、飼い主に忠実な血統を受け継いできました。

 **突然変異的発生タイプ**

自然発生タイプから突然変異で特徴をもった猫が誕生したときに、その特徴を人間が固定化させ、品種として確立させた猫です。

### アメリカンカール

1980年代のアメリカ・カリフォルニア州で、突然変異で生まれた耳が反り返っている雑種の子猫がルーツです。

### ソマリ

短毛種アビシニアンから突然変異で生まれたセミロング種です。性格や体型はアビシニアンのままといわれています。

### スコティッシュフォールド

1960年代のスコットランドで、生まれた耳折れ猫がルーツ。その後、ブリティッシュショートヘアと交配されました。

## 人為的発生タイプ

人間が望むタイプの品種を作るため、猫同士を交配させて誕生した猫種です。それぞれの猫種のよい点を持ち合わせています。

### シャム × ペルシャ = ヒマラヤン

 ×  =

ペルシャの優雅な長毛と人なつこさ、シャムのおちゃめなポイントカラーとブルーアイをもちます。

### ペルシャ × バーマン（さらにバーミーズ）= ラグドール

 ×  =

シールポイントをもつ白いペルシャとバーマンの子に、さらにバーミーズを交配させて生まれた猫です。

### ペルシャ × アメリカンショートヘア = エキゾチックショートヘア

 ×  =

ペルシャの独特な顔立ちと人なつこい性格を残しながら、アメリカンショートヘアの短毛種を受け継ぎました。

### ペルシャ系 × マンチカン = ミヌエット

 ×  =

ペルシャ系の優雅な表情とマンチカンの短足をもつ猫。1996年に誕生し「ナポレオン」と呼ばれていましたが、2015年からミヌエットに改名。

## 特徴と探し方

### ペットショップ

ネコセカイ
http://necosekai.net/

**特徴**　簡単にアクセスでき、じっくり見てからお気に入りの猫を決めることができる。そのショップがどんな環境で猫を販売しているかも確認できる。

**探し方**　何店舗か見てまわるなど衝動買いを避け、「この猫」という気持ちが固まってきたら、実際に触らせてもらう。スタッフに性格や健康状態などをたずね、ていねいに説明してもらえるかどうかもポイント。

### ブリーダー

キャットファーム大谷
http://www.wannyanoukoku.com/

**特徴**　専門的に繁殖や飼育を行っているブリーダーから入手でき、扱っている猫の多くは純血種で血統書つきがほとんど。

**探し方**　飼いたい猫種が決まっている場合は、インターネットで一般の人に販売を行っている専門のブリーダーを探す。さまざまな猫種のブリーダーが集まるポータルサイトも多数ある。

### 保護団体

ペットのおうち
http://www.pet-home.jp/

**特徴**　公共から民間まで、さまざまにある。公共は保健所や動物愛護センター、民間は、愛猫家の団体が運営しているところなど。猫カフェを開業しながら飼い主を募集しているところもある。

**探し方**　現在どのような猫が飼い主を探しているのか、ネット上で確認できるので、気になる猫がいたら、直接、連絡して会いに行く。

### 動物病院

トーキョーキャットスペシャリスト
http://tokyocatspecialists.jp/

**特徴**　引きとり手のない猫や生まれて間もない保護猫の情報が集まってくる。

**探し方**　「飼いたい」という意向を事前に伝えておくと、保護猫の情報が入ったときに優先して教えてもらえる。

動物病院の待ち合い室などに保護猫情報のチラシが張り出されることがある。

猫を飼いたいとき、入手先としての選択肢が複数あります。どこから入手することが自分にとっていちばん適切なのかを考えてみましょう。面会したり、引きとりに行くことを考えて、交通手段や所要時間も確認することが大切です。

| こんな人におすすめ | 入手ポイント |
| --- | --- |
| 雑種ではなく、純血種を選びたい人は、ショップに相談して探してもらうことができる。実際に見て、たくさんの猫のなかから選ぶことができるので、どんな猫を飼いたいか、決まっていない人にもおすすめ。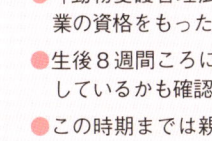 | ● 「動物愛護管理法」に定められた動物取扱業の資格をもった責任者がいるか確かめる。<br>● 生後8週間ころに1回目のワクチンを接種しているかも確認。<br>● この時期までは親兄弟とともに過ごした猫のほうが精神的に安定しているので、あまり幼い子猫は求めないほうがよい。 |
| 特定の猫種にこだわりがある人や血統書つきの猫が欲しい人におすすめ。また、同じ猫種の兄妹で多頭飼いしたい場合にも。生まれる前に予約をすることもできる。 | ● 実際に猫が飼育されている様子を見学しておくと安心である。<br>● 血統書の有無、購入後に具合が悪くなったときの保証についても確認。<br>● 価格はブリーダーによって違ってくる。<br>● 猫種に関しての知識が豊富で、将来にわたって猫の相談にのってくれるケースもある。 |
| ほとんどがミックスなので色柄や猫のタイプがバラエティに富み、好みの猫を探すことができる。子猫だけでなく成猫もいるので、成猫と落ち着いた生活をしたい人などにも向いている。 | ● 動物取扱業の登録がなされているか確認をすること（ただし、小規模の場合は未登録もあり）。<br>● 見学を希望し、猫の飼育環境を見せてくれる団体が安心できる。<br>● ほとんどが必要経費程度で入手可能だが、厳しい条件をつけているところもあり、生涯にわたって猫の面倒をしっかり見ることを伝えることが大切。 |
| 定期的な健康診断やワクチン、病気のときも安心。生涯にわたり、かかりつけになってもらえ、相談にも乗ってもらえるので、猫を飼うのが初めての人におすすめ。 | ● 飼い方、しつけ、食事、お手入れ、健康管理についてもアドバイスを受けることができる。<br>● その猫の一生における総合的な健康管理を気軽にお願いできるメリットもある。 |

Step 3 **会いに行く**

ウインドウ越しや写真、動画で、「この子！」という猫に出会えたら、入手を決めてしまう前に、直接会いに行きましょう。

**① 健康状態をチェック**

実際に間近で観察し、無理のない範囲で、健康そうか、そうでないかをチェックしましょう。

□ 耳の中がきれい！

耳の中は汚れていないか。においはないか。

□ 肛門がきれい！

健康的な排便をしていて、お世話も行き届いていると肛門もきれいです。

□ ビー玉のようなきれいな目

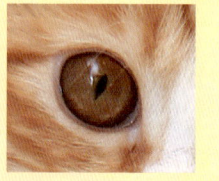

目が透き通っていてきれいか、目ヤニはないか、目の前で指などを動かすと目で追うかもチェック。

□ 鼻水が出ていない！

鼻水は風邪など病気の初期症状です。くしゃみをするのは、風邪やアレルギーの可能性も。

□ 毛並みがよい！

つやつや、ふわふわの毛並みは健康の証。グルーミングなどのケアが行き届いているかどうかもわかります。

□ 太めのしっかりとした足

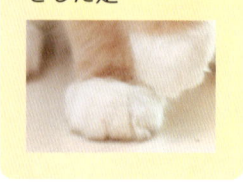

骨太で四肢がしっかりした猫は運動能力も高く、健康に育ちます。

□ 元気がある！

子猫は、常に元気に体を動かしています。動くものにも興味津々です。

## ② 日常の様子を確認

日常生活の様子は、一度会っただけではわかりません。お世話をしている人にしっかり確認しましょう。

### 質問 ① 食欲はありますか？

子猫の場合は少しずつ遊び食べをしていることもあるので、1日のトータル量を聞いてみましょう。

### 質問 ② ウンチやオシッコは正常ですか？

下痢や軟便、便秘をしていないか、尿の量や色も正常か聞いてみましょう。

### 質問 ③ どんな性格ですか？

人見知りな性格、怖がり、明るく陽気な子など、性格を教えてもらいましょう。

## ③ ワクチンの接種、引き渡し条件の確認

生後2カ月ごろには、1回目のワクチンを接種します。月齢に応じて、ワクチン接種の有無や予定を確認し、引き渡しの条件を聞いておきます。

### ● 証明書

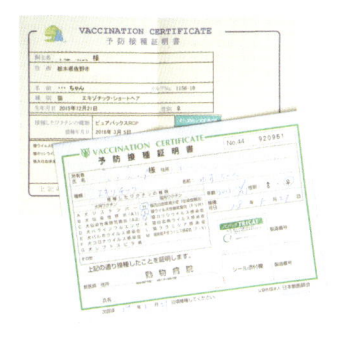

ワクチン接種の有無、回数、接種時期を確認するのは、猫の健康にとってとても大切なことです。すでにワクチン接種をしている場合は、「証明書はいただけますか？」と聞いてみましょう。写真はワクチン接種後に動物病院が発行する証明書です。

### ● 契約書

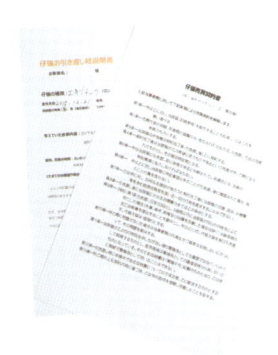

実際に契約が決まると、引き渡しの条件を書いた書類や契約書がとり交わされます。「契約した場合はどのような手続きが必要になりますか？」と聞いて、内容を確認しておきましょう。

# 猫を迎える準備をする

猫を迎えることになったら、猫がすんなりと新しい環境になじむことができるように、環境を整えて迎えてあげましょう。

## お迎えの日までにそろえたいもの

まずは最低限必要なものをそろえておき、実際に猫が生活を始めてから、必要に応じて買い足すほうが無駄がありません。

### キャリーバッグ

お迎えの日、病院通いをするときなど、必ず必要になります。多頭飼いの場合は、1頭に1つずつ準備します。

**ポイント**
- 上まで開閉ができると、病院などで猫をとり出しやすく便利
- 車で移動する場合はシートベルトに固定できるかも確認

Ⓐ

### ベッド

環境が変わると不安になるので、これまで猫が使っていたタオルやおもちゃなどを一緒に入れてあげましょう。

**ポイント**
- 母猫のようなやわらかさとぬくもりがあるもの

Ⓐ

### トイレ

食事をする場所から離れた静かな場所に1カ所以上用意できるとベストです。

**ポイント**
- 子猫のうちは小さく、またぎやすいものを。成長に合わせて大きいものを用意しましょう

Ⓑ

### 猫砂

粒の大きいもの、小さいものなど、数種類用意して、猫の好みを知りましょう。

**ポイント**
- 捨て方などもいろいろなので、使い勝手のよいものを

Ⓒ

## フード

最初はペットショップやキャッテリーで食べさせていたものと同じものを。

徐々にいろいろなフードに慣れさせましょう。

### ポイント

● 成長に合ったフードかをまずは確認。パッケージに記載されている1日の量もチェック

## 食器

フード用は安定感のあるもの、水飲み用は、ヒゲが触らない大きさで少し深めのものを。

Ⓐ

### ポイント

● 側面はある程度の高さがあり、角は丸みがあるものを
● 食べやすいように台の上に置くか、高さのある器を用意する

## おもちゃ

飼い主と一緒に遊べるもの、猫が単独で遊べるものをそれぞれ準備しましょう。

### ポイント

● 揺れるもの、転がるものなど、猫がたっぷり運動できるものを
● 狭いところに入りたがる、高いところに登りたがるなど、猫の習性を上手に利用したおもちゃを

### 水飲み

Ⓓ

### ポイント

● 深めで水がこぼれにくいもの
● ヒゲが当たらない大きさ

## ケア用品

日々のケアは健康で清潔好きな猫の生活には欠かせません。上手に習慣化していきましょう。

### ブラシング用品

抜け毛を処理し、皮膚にほどよい刺激を与えます。

### コーミング用品

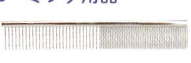

長毛種の猫は、ブラッシングの前にクシで毛玉や汚れをとりのぞきます。

### 爪切り

猫を傷つけないように刃先が丸くなっているものが安心です。

## 爪とぎ

爪のケアはもちろん、マーキングやストレス解消にもなります。

Ⓐ

### ポイント

● とぐたびに少しずつ劣化するので、まめに新しいものに交換を
● 素材や形に好みがあるので、いろいろなものを使って試してみましょう

### 脱脂綿、ガーゼ、綿棒

目、耳、鼻など顔まわりのケアに使います。

※ 商品の問い合わせ先は P.14 にあります。

# 🐾 必要に応じてそろえたいもの

猫の性格や運動量、好み、また飼い主のライフスタイルによって必要になってくるものが違います。家にあるもので代用できるものもあります。

## ケージ

猫は環境の変化にとても敏感。とくに多頭飼いの場合は、ケージの中で静かに過ごさせると、人やまわりの環境に慣れていきます。ワクチンの接種後など安静にさせたいときにも使用できます。

**ポイント**
- 中で上下運動ができるものは、猫が体を動かすことができてストレスが軽減

Ⓒ

## キャットタワー

猫は上下運動が大好き。運動不足やストレスの解消にもなります。

Ⓒ

**ポイント**
- 猫の運動能力、ジャンプ力に合わせ、高さが調節できると便利
- 大型猫や体重の重い猫には安定感のあるものを選び、足場をしっかり固定

## トイレまわり

消臭剤やフタつきのゴミ箱などにおい対策が必要になります。

### 消臭剤
猫の体に安心なものを使用しましょう。

### フタつきゴミ箱
ふたがしっかり密閉できるものを準備します。猫専用でなくても大丈夫です。

Ⓒ

## 飲食まわり

毎日のことなので、猫も飼い主も快適に過ごせるものを使いこなしていきましょう。

### 自動 給 餌器
留守にすることが多い家に。
Ⓐ

**ポイント**
- タイマーでフードが流れてくるもの、猫が近づくとセンサーでフタが開くものなどいろいろ

## 災害対策用品

万一のときを想定して、少しずつ準備して整えておきましょう。

### 首輪、リード＆ハーネス
迷子防止に、日ごろから慣れさせておくことが大切です。

**ポイント**
- 体のサイズに合っていて、肌ざわりのよい素材を

### 食器台
フードの器に高さがない場合は、台の上に置いてあげましょう。

Ⓐ

**ポイント**
- 猫が座った状態で食べられる高さがベスト

### フード保存容器
ドライフードをしっかり密閉して保存します。

**ポイント**
- 猫専用のものでなくても可。清潔なものを

Ⓐ

Ⓐ

Ⓓ

# 部屋の環境を整える

家の中は猫にとって危険なものがいっぱい。とくに子猫は好奇心旺盛なので、さまざまな事故の想定をして環境を整える必要があります。

## エアコンの風が直接当たらないように注意

冷たい冷気が直接猫に当たると、体温が奪われる危険性があります。あたたかい風も直接当たれば、体によくありません。風の向きに注意。

## ベランダに飛び出さないようにする

猫は高いところが大好き。ベランダからジャンプして転落してしまう危険もあるため、ベランダに飛び出さないようにパーテーションなどを設置しましょう。

## フローリングの洗剤は天然由来のものに

フローリングをなめてしまう猫もいるので、洗剤やワックスはなめても安心なものを使いましょう。

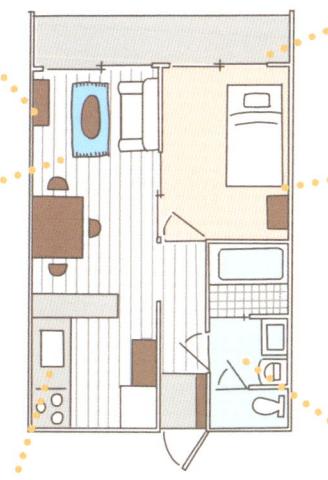

## 狭い隙間はふさいでおく

狭い隙間に入り込み、出られなくなってしまう猫もいます。隙間は物などを置いてふさいでおきましょう。

## 台所は立ち入り禁止

水だけでなく火、刃物も扱う台所は、猫にとって危険がいっぱいです。ゲートや棚を設置して入らないように完全防備を。

## 水場も立ち入り禁止

風呂場やトイレなどの水場は猫の興味をひきます。誤って水の中に転落してしまう危険性もあるので立ち入り禁止に。風呂に水が入っているときは念のため、きちんとフタをしましょう。

猫脱走防止パーテーション
キャキャ / Ⓓ

# そのほかこんなことにも気をつけよう

## 電気コード

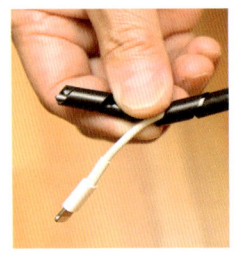

電気のコードをかじってショートさせたり、感電したりする危険性があります。電気コードにはカバー（市販）をつけておくと安心です。

## 生ゴミ

猫にとってゴミ箱の中は興味津々。口にすると危ないものもあるので、ゴミ箱には必ずフタをしましょう。

## 観葉植物

美しい花や葉っぱのなかには、口にすると毒性のものもあります。猫にとって危険な植物は置かないように気をつけましょう。（P.169〜170）

## ドア・引き戸

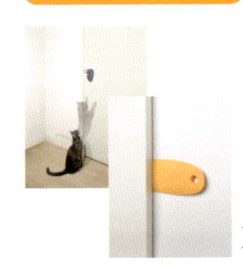

猫はドアや引き戸も簡単に開けてしまいます。入ってほしくない部屋は専用の鍵を使うなど対策をしましょう。

ノブロック、スライドロック／ともに Ⓕ

## ポリ袋やひも類

猫にとってはポリ袋やひもは格好の遊び道具。ポリ袋を頭にかぶって、窒息死という可能性もあります。ブラインドのひもも危険なので気をつけましょう。

## 薬

棚の上やチェストの上に置きっぱなしの薬は、猫が興味をもって食べてしまったりする可能性もあります。侵入できない場所や引き出しの中にしまいましょう。

## アロマ・芳香剤

人間にはよい香りのアロマですが、嗅覚が発達している猫にとっては迷惑。とくに精油には猫にとって毒となるものもあるので、使わないほうが安心です。

## 騒音

騒音のする部屋では落ち着いた生活ができない可能性があるので、窓を二重サッシにするなど工夫をしましょう。花火の音にびっくりしてふるえてしまうことも。

# 猫が心地よい部屋とは？

猫と共同生活するにあたって大切なことは、猫が住み心地がよいかどうかです。部屋を見まわして、猫の気持ちになって考えてみましょう。

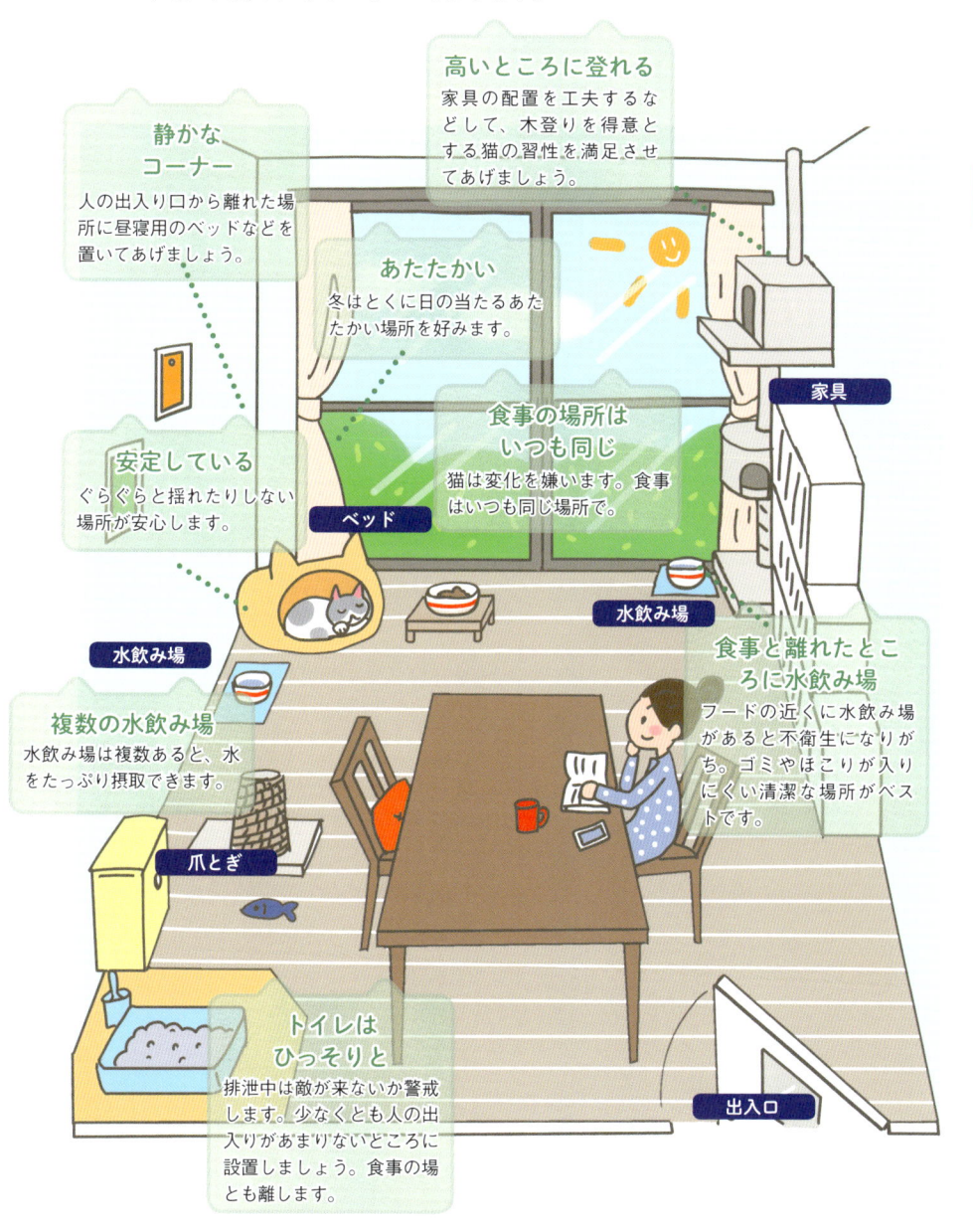

**静かなコーナー**
人の出入り口から離れた場所に昼寝用のベッドなどを置いてあげましょう。

**高いところに登れる**
家具の配置を工夫するなどして、木登りを得意とする猫の習性を満足させてあげましょう。

**あたたかい**
冬はとくに日の当たるあたたかい場所を好みます。

**安定している**
ぐらぐらと揺れたりしない場所が安心します。

**食事の場所はいつも同じ**
猫は変化を嫌います。食事はいつも同じ場所で。

**複数の水飲み場**
水飲み場は複数あると、水をたっぷり摂取できます。

**食事と離れたところに水飲み場**
フードの近くに水飲み場があると不衛生になりがち。ゴミやほこりが入りにくい清潔な場所がベストです。

**トイレはひっそりと**
排泄中は敵が来ないか警戒します。少なくとも人の出入りがあまりないところに設置しましょう。食事の場とも離します。

家具
ベッド
水飲み場
水飲み場
爪とぎ
出入口

# 多頭飼いしたい！

猫を 2 頭以上飼いたい！と思っている人もいることでしょう。楽しさは 2 倍以上になりますが、単独飼いとは違う注意も必要です。

## 多頭飼いのメリット

### 🐾 遊び相手ができる

寂しがりやの子や留守番が苦手な子にとって、気が合えばよい遊び相手になります。一緒に遊んでくれるので運動不足解消にも。

### 🐾 性格や種類の違う猫を同時に楽しめる

猫は個体によっても猫種によっても性格はさまざま。多頭飼いすることで、猫の魅力をより一層味わうことができます。

## 多頭飼いのデメリット

### 🐾 先住猫にストレスがかかる

これまで飼い主の愛情を独占してきた先住猫にとって、新参猫は迷惑な存在。ストレスになって食欲の落ちる子もいます。

### 🐾 仲よくなるとは限らない

猫にも相性というものがあります。どうしても相容れない猫もいますので、その場合は離して飼うなど難しい選択を迫られます。

### 🐾 病気がうつりやすい

1 頭がウイルス感染、皮膚病などにかかった場合、ほかの猫にも病気を感染させてしまう危険性が高まります。

### 🐾 費用も手間もかかる

当然ですがフード、ワクチン接種代、健康診断、通院費用なども頭数分かかり、手間もかかります。

## 🐾 猫同士の相性

それぞれの性格にもよりますが、一般的によい、悪いとされている相性は知っておきましょう。

◎ ←————————————————→ ✕

| 兄姉 | 子猫 | 成猫 | 成猫♀ | 成猫♂ | 高齢 |
|---|---|---|---|---|---|
| ✕ | ✕ | ✕ | ✕ | ✕ | ✕ |
| 弟妹 | 子猫 | 子猫 | 成猫♀ | 成猫♂ | 子猫 |
| 性格の違いはあるものの、基本的に相性は抜群です。 | 親が違っても、子猫同士ならば比較的仲よしになります。 | 成猫の性格にもよりますが、子猫の面倒をよく見るようになります。 | メスのほうが縄張り意識は少ないといわれています。 | 縄張り争いがおこり、仲よくなりにくい組み合わせです。 | 高齢猫の体や心に負担がかかります。 |

# 先住猫がいるときの対面手順

先住猫がいる家に、新しい猫が一緒に生活を始めても、飼い主の愛情は変わらないことをわかってもらいましょう。

## ① 慣れるまではケージ越しで対面

新しい猫が家に来ることは、先住猫にとっても新参猫にとっても一大事。双方が慣れるまでは新参猫はケージに入れて対面させて様子を見ましょう。

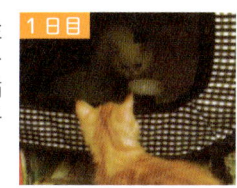
**1日目**

3週間遅れでもう1頭の子猫がやってきました。まずはケージ越しで対面。

## ② 逃げ場所を作る

新しい猫は先住猫にとっては侵入者。先住猫が攻撃に出たり、威嚇したりするかもしれません。新参猫の逃げる場所を用意しておきましょう。

**1週目**

先住猫の威嚇や攻撃を受けるたびに新しい猫は避難を繰り返しています。

## ③ 静観と介入のラインを見極める

ケンカがおこることもしばしばあります。そんなときはしばらく様子を見ます。激しさが増す一方で、ケガをするような状況になったら、迷わず介入します。

**2週目**

新しい猫もだんだん強気に。日に何度かケンカがおこります。

## ④ 先住猫を優先する

人間も弟や妹が生まれたときは、母親を奪われたようで寂しいものです。猫も同じ。あくまでも先住猫を優先してあげると、気持ちも安定し、新参猫を受け入れる気持ちが生まれてくるようです。

**4週目**

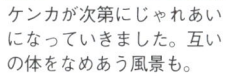

ケンカが次第にじゃれあいになっていきました。互いの体をなめあう風景も。

※写真は、子猫同士の多頭飼いの経過を追った一例です。

● 根負け ●

初日／2日目／3日目／1週間後——

❀ 多頭飼いしたい！

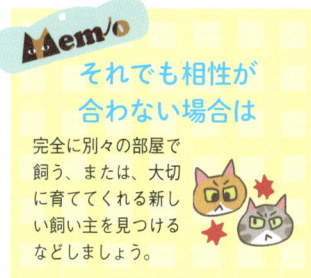

**Memo**
### それでも相性が合わない場合は
完全に別々の部屋で飼う、または、大切に育ててくれる新しい飼い主を見つけるなどしましょう。

# 動物病院を選ぶ

猫を飼おうと決めたら、よい動物病院を探しましょう。日々のケアの相談や定期健診など、猫を通して一生のおつきあいが始まります。

## どんなときに動物病院に行くのか？

動物病院は猫を飼う人にとって頼りになる存在です。上手におつきあいをしていきましょう。

### ❶ 猫を飼う前

こんな猫種を飼いたいと思っているなど、事前に相談することもできます。その猫種の性格や食事、扱い方、注意点など詳しく教えてもらえます。2頭目を飼う際にも相談に乗ってもらいましょう。

### ❷ 猫を飼い始めてすぐ

新しい猫を飼った場合、まずは動物病院に連れていき、健康状態のチェックをしてもらいます。ウイルスに感染していないか、皮膚病などを患っていないかなどの健康診断が欠かせません。ワクチンの接種や駆虫もしてもらえます。

### ❸ 定期健診

子猫の場合、食事がきちんととれているか、体重が増えているかなど体重の計測が必要です。避妊・去勢手術の段どりを打ち合わせたり、日々の健康維持のため、定期的に健診を受けていると安心です。

### ❹ 日々のケア

耳そうじや爪切りなどが苦手な子は多いものです。なかなか自分ではできない場合は、動物病院に相談しましょう。上手なやり方を教えてくれます。

### ❺ 病気・ケガのとき

いつもと様子が違うとき、ケガをした場合はすぐに動物病院に連れていきます。普段から猫の様子を知っているかかりつけのホームドクターがいると安心です。

# 信頼できる動物病院とは？

猫を通して終生おつきあいしていく動物病院なので、信頼できる病院、先生と出会えた飼い主は幸せです。もちろん猫ちゃんも幸せ。インターネットで検索、友人の紹介など探し方はさまざまありますが、決める前に直接行って、実際に見てみましょう。

## チェックポイント

Check!

- ☐ ゆっくりと話を聴いてくれる
- ☐ 触診をしてくれる
- ☐ 「キャット・フレンドリー・クリニック」であれば安心
- ☐ 獣医が頻繁に替わるところは要注意
- ☐ 飼い猫と獣医との相性を見極める

猫と一緒に待つ待合室が、清潔で掃除が行き届いているかチェックしておきましょう。

### ふわもこ学　キャット・フレンドリー・クリニックとは？

「猫にやさしい動物病院」として、専門性の高い知識と質、設備・機器が整った質の高い医療を提供する動物病院に与えられる称号です。イギリス本部の国際基準を満たす必要があります。このマークが待合室のどこかに貼られていたら、猫の医療サービスに対して、意識が高い病院と判断してよいでしょう。

2015 isfm
Cat Friendly Clinic
catfriendlyclinic.org

● 行くまでが ●

病院に行くよ〜キャリーに入って〜

ニャン！

さあ出発！

リャ〜

なーんて具合だったら……

いいのにな〜、と毎回思います

入ってええええええ〜！

だが断る

ぐぬぬ

## Memo　動物病院を変えたい

引っ越し、相性が悪い、対応が納得できない、セカンド・オピニオンをとりたいなどの場合は、遠慮せずに申し出ましょう。

**1 申し出る**

過去にどのような病気にかかったのか、なぜその薬を出したのか、これまでの検査結果などが記載されている紹介状をお願いしてみましょう。

紹介状

**2 新しい病院に移る**

前の病院からもらった書類を提出し、新たに健康診断を受けましょう。

# 猫を迎える

さあ、いよいよ猫を迎える日が来ました。準備は万端に整ったでしょうか。猫も飼い主も不安と期待でいっぱいの初日の過ごし方です。

## 初日の流れ

猫を初めて迎える日は、一日たっぷり猫との時間を作れる日に設定しましょう。

### 出発　午前中に引きとりに行く

子猫にとって、環境ががらりと変わる大変な一日になります。早めに迎えに行って、夜眠るまでに少しでも新しい環境に慣れ、ぐっすり眠れるようにしてあげましょう。環境の変化から体調を崩すこともあるので、動物病院に連れていく対応もできる午前中に引きとりに行くのがベストです。

### 持っていくもの

タオル

キャリーバッグ　トイレシート　筆記用具

キャリーバッグ、タオル、筆記用具など。キャリーバッグには念のためトイレシートを1枚敷いておくと安心です。

### 確認事項　チェックポイント
check!

引きとるときに、下記のことを聞いておきましょう。

□ **トイレ**
最後に排泄した時間と、次の排泄の予測時間を聞いておきましょう。可能であれば猫が使っていたトイレの砂を少しもらえると、新しいトイレに早く順応します。

□ **食事**
いつも何時に食事をしていたのか、聞いておきましょう。食べ慣れたフードのメーカーも教えてもらい、しばらくは同じフードを与えるようにします。

□ **睡眠**
猫が眠りやすいように静かな場所にベッドを作ります。これまで使っていた布やおもちゃなどももらってくると、猫は安心して眠れるでしょう。

□ **ワクチン接種**
これまでにワクチンを接種している場合は証明書をもらってきましょう。次回のワクチン接種時期の目安となります。ペットホテルに預ける際にも、証明書の提示を求められる場合があります。

□ **血統書**
血統書がある場合は、猫と一緒にもらってきましょう。あとから送付になった場合は、発送の予定を確認しておきます。

□ **性格・遊び**
猫の性格を聞いておきましょう。そのほか、好きなもの、好きなおもちゃや遊びなども聞いておくと役に立ちます。

## 到着　キャリーバッグのフタを開ける

キャリーバッグに猫を入れたら出入り口がきちんと閉まっているか確認しましょう。移動中逃げ出すなどすると危険です。自宅に着いたら、ゆっくりとキャリーバッグのフタを開けます。用意しておいたベッドの近くに置き、猫の好きなようにさせてあげましょう。無理強いや大きな声で名前を呼ぶなどは控えます。

キャリーバッグの中で好きなだけ過ごさせます。

キャリーバッグから出てきたら自由に歩き回らせます。

Memo

### 1カ月未満の子猫はケージの中が安心

1カ月未満の子猫は運動機能も未熟です。しばらくは安全なケージの中で過ごさせてもよいでしょう。

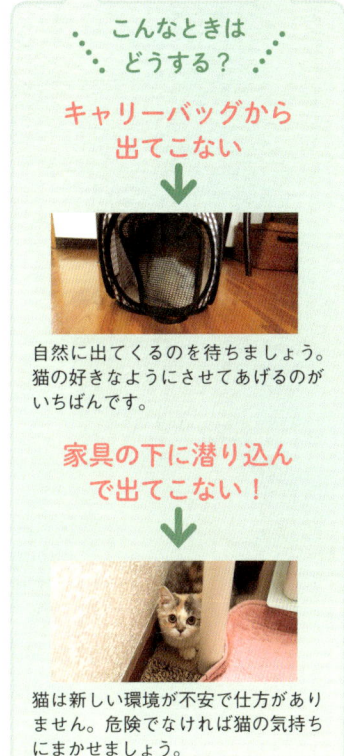

### こんなときはどうする？

**キャリーバッグから出てこない**
↓

自然に出てくるのを待ちましょう。猫の好きなようにさせてあげるのがいちばんです。

**家具の下に潜り込んで出てこない！**
↓

猫は新しい環境が不安で仕方がありません。危険でなければ猫の気持ちにまかせましょう。

## 落ち着いてきたら

### フードを与える

これまで食べていたフードを、これまでと同じ量をあげて、様子を見ましょう。

### トイレに連れていく

猫がそわそわしたり、床をなめたりし始めたらトイレのサイン。用意しておいたトイレに連れていきましょう。もらってきた砂を入れておけば、すぐにトイレだと認識します。

### 危険がないように見守る

さらに慣れてくると部屋を探検し始めます。興味をひくものがあるとなめたり、口に入れたりするかもしれません。危険な目にあわないように見守りましょう。

### 寝たいときに寝かせる

とくに子猫は眠くなれば、どこでも寝てしまいます。床の上やトイレで寝てしまったら、静かに抱き上げて、ベッドに寝かせてあげましょう。

# 生後1カ月前の子猫を迎えたら

子猫は生後1カ月半を過ぎるまで母猫の母乳を吸って育ち、便や尿も母猫がなめて処理します。生後1カ月前の子猫を迎えたら母猫のようにお世話をしましょう。

## ケアのポイント

### 1. 体温の保持

赤ちゃん猫は自分の体温を保持することができません。27〜30度になるように、保温してあげましょう。

### 2. 哺乳と排泄

哺乳ビンなどで、子猫用のミルクを2〜3時間おきに授乳します。便や尿はティッシュなどでやさしく促します。

### 3. 病院で健診

ウイルスに感染していないか、風邪はひいていないかなど、早めに健康診断を受け、健康を確認しましょう。

## 成長の様子とお世話のコツ

### 0〜1週間

生後3日くらいでへその緒が自然にとれます。

生後6日目ごろ。少し目があいてきます。まだ自分の体温を保持できる能力はありません。

爪は指から出たまま。まだ、ひっこめることができません。

### コツ1　母猫をイメージする

猫の赤ちゃんも人間の赤ちゃんと同じです。母猫になったつもりでケアをすればきっと元気に育ってくれます。

### コツ2　排泄のケアも大切

赤ちゃん猫は自力での排泄は難しいので、肛門付近をティッシュなどでやさしくポンポンとさすって排泄を促します。

# すぐに準備したいもの

### ベッドと保温グッズ

フリース・バスタオル保温バッグの下に敷いたり、上からかけたりして、温度をキープします。爪がひっかかるので表面にループのないものを。

### ペットボトルとタオル

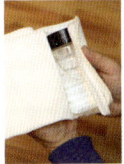

熱めの湯を入れたペットボトルにタオルを巻いて、直接子猫に触れないように置き、授乳のタイミングで湯を入れ替えます。

### 哺乳ビンと子猫用ミルク

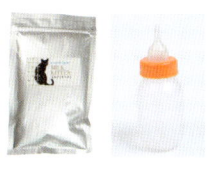

子猫専用のミルクを与えます。生後1週間以内で2～3時間おき、1～2週目で3～4時間おきが目安です。キャットミルク／Ⓓ

### 脱脂綿・ガーゼ

目ヤニや鼻水などは、毎日、ぬるま湯に浸したガーゼなどで拭いてあげます。また排泄を促すときは脱脂綿などで肛門をやさしく刺激します。

### ノミとり用のクシ

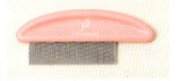

ノミは感染症の原因になることも。クシですいて落として消毒剤につけます。

### 温度計

生後1週間以内で30度、1～3週目で27度に保つようにします。子猫は中で心地よい場所を選んで寝ます。

### 保冷バッグ

食品用の保冷バッグの簡易ベッドは、中の温度を維持するので便利。

## 1カ月までに準備したいもの

トイレと猫砂を準備して、2週目を過ぎたころからトイレレーニングをスタートさせましょう。／Ⓔ

---

### 1～3週間

生後11日目。前足を使い、はいつくばって移動できるように。

2週目後半から、哺乳ビンでミルクを上手に飲めるように！

### 3～4週間

4週目で哺乳ビンは卒業。器からミルクを飲むようになりました。

1カ月目で離乳食スタート。フードをミルクでやわらかくしたものを与えます。

### コツ3　体重は毎日チェック

毎日体重を量って、体重の増加をチェックしましょう。1週間で約90g増えていれば順調です。

### コツ4　トイレトレーニング

3～4週間から、自分で排泄ができるように。トイレを準備して、食後、そわそわしていたら連れていってあげましょう。

# 猫が幸せに暮らせる環境とは？

現代の家猫は住みたい環境を自分で選ぶことができません。猫の行動や習性を理解して、猫が幸せに暮らせる環境を考えていきましょう。キーワードは4つです。

### 🐾 立体的な住環境

猫を飼うのに、垂直方向のスペースがあれば水平方向（床面積）の広さはあまり必要ないといわれます。猫が得意とする、跳躍、高所でのバランス感覚を発揮できるようにキャットタワーを設置したり、家具の配置を工夫したりしましょう。

### 🐾 猫のコアエリアを意識する

猫は1日の75%をある一定の場所で過ごします。そこがコアエリアです。コアエリア周囲は静かに、そして食事場や水飲み場などを集めることで、猫にとってより心地よい空間になります。

### 🐾 マーキング行動を理解する

猫が椅子や柱に頬を擦りつけているのは、顔から分泌されるフェイシャルフェロモンをつけているからです。周囲に自分のフェロモンを散布することで、安心しています。そのため、いつもマーキングしている場所を洗剤で拭きとることはしないでください。

### 🐾 猫の行動学を学ぶ

猫はポーカーフェイスといわれますが、注意深く観察していると気持ちがいろいろなところに現れます。例えば、しっぽを振るのはイラつきを意味します。猫の行動学を学ぶことで、環境に対しての満足度も測ることができるようになります。

# Chapter 2

# 猫と暮らす

猫と快適に暮らすコツは、猫の習性や生活スタイルを理解することにあります。食事やトイレ、爪切りなど身のまわりのケアなど、飼い主がやることは意外にたくさん。ライフスタイルのなかに上手に組み込んで、猫と楽しく暮らしましょう。

# 生まれてから1歳になるまでの成長過程とお世話のポイント

誕生 ➡ 2週間 ➡ 1カ月

| 保護猫ゆずの記録 | | |
|---|---|---|
|  |  |  |
| 生後3日。へその緒がついていて、目はまだあいていない。 | 生後2週目。哺乳ビンから上手にミルクを飲むようになる。 | 1カ月目。器からミルクを飲めるように。離乳食もスタート。 |

## 体におこる変化

| | | |
|---|---|---|
| ●体重90〜110gで生まれ、1日に10〜20gずつ増える<br>●1週間で体重150〜200gになる | ●14〜21日ほどで歩き始める<br>●7〜10日で目が開くが、まだよく見えない<br>●約9日で耳が開く | ●1カ月で体重400〜500gに<br>●1カ月半ごろから食事の形成期に入る。母猫が狩りを教え、母乳以外の食べ物を認識する<br>●上下門歯や犬歯など乳歯が生える |

## 主なお世話

| | | |
|---|---|---|
| ●定期的に体重を測定し、体重が増えない場合、獣医に相談をする<br>●母猫がいる場合は、母猫の栄養を管理する<br>●母親代わりの猫や母猫が授乳をしない場合、飼い主が母猫に代わって、栄養と排泄の管理をする<br>→ P.58〜59 | | ●ミルクと離乳食の併用から、水と子猫用のフードに少しずつ切り替える<br>●2カ月ごろに初回のワクチン接種をする<br>●この時期、おもちゃでたくさん遊ばせ、スキンシップをたくさんとると、人になつく猫になる |

猫の生涯のうち、「子猫」と呼ばれる期間は、ほぼ半年程度。半年で性成熟し1歳で成長が止まります。めまぐるしい1年の経過を、生後3日目に保護されたゆずの成長とともに追ってみました。

猫の言い分

- 1歳までの猫の1カ月は人の1年に相当するよ！
- お世話のポイントが1週間単位、1カ月単位で変わっていくからよろしくね！

| 3カ月 → | 6カ月 → | 1歳 |
|---|---|---|
|  |  |  |
| 兄弟のかいが養子に行き、お兄さん猫のりんにひっついて眠る。 | 6カ月目に入ってもあいかわらずの甘えん坊。 | そして、1歳！立派な成猫になりました。 |
| ● 3カ月で体重は1〜1.5kgに<br>● 4カ月で体重が2kgあれば平均的<br>● 乳歯から永久歯に生え替わる | ● 性成熟し、オスのスプレー行動が始まる<br>● メスの発情行動も始まり、成長が早ければ妊娠可能に<br>● 顔つきや表情も子猫から成猫になる<br>● 8カ月で体重は3〜3.5kgに | ● 成長はほぼ止まる（メインクーンなど大型猫は3歳まで成長期が続く）<br>● 体重は標準体型で3〜5.5kgに<br>● この時期の体重をこの先も維持することが大切 |
| ● 3カ月ごろの体調のよいときに2回目のワクチン、4カ月過ぎに3回目のワクチンを接種する<br>● 行動範囲が広がるので、事故に注意する<br>● 体重2kgを超えたら、半年を待たずに去勢・避妊手術が可能になるので、獣医と相談し計画を立てる | ● 避妊・去勢手術をする場合は、初回発情前に行うのが理想的<br>● 発情後でも可能なので獣医と相談して行う<br>● 避妊・去勢手術後は太りやすくなるので体重管理をスタートする<br>● 歯が乳歯から永久歯に生え替わっているか確認をする | ● 1年目の体重を、以後の体重管理の目安にする<br>● フードを成猫期用に切り替える<br>● 1歳4カ月ごろに4回目のワクチン接種を行う<br>● 1歳を過ぎても、一緒に遊んだりスキンシップをとったりすることが大切 |

# フードの選び方、与え方

家猫は飼い主が与えてくれる食事がすべて。猫が健康に生きていくために必要な栄養のことや猫用フードについて知っておきましょう。

猫の言い分

- 目分量ではなくきちんと量った量で健康な美ボディーをキープさせてね
- 食事の回数と時間は、規則正しくしてね
- フードは賞味期限をしっかりチェックしてね

## 猫に必要な栄養

人間や犬は雑食動物ですが、猫は肉食動物です。肉食動物とは、「動物性の食品を食べないと生きていけない」ということです。ただし、肉しか食べてはいけないのかというとそうではありません。肉食動物であるという認識にもとづいて、バランスよく配合されたフードを与えてあげましょう。

【 猫の1日の栄養摂取バランス 】

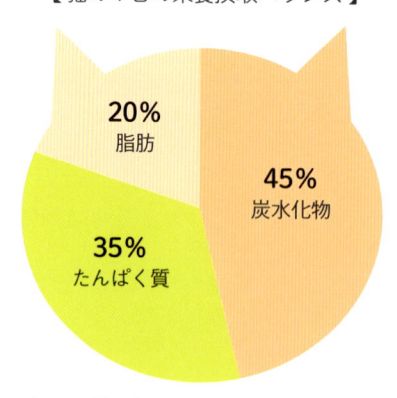

20%
脂肪

45%
炭水化物

35%
たんぱく質

※データは 「飼い主のためのペットフード ガイドライン」（環境省）より

## 主食は総合栄養食

数ある市販のフードのなかで、いちばん大事なのが「総合栄養食」と呼ばれているものです。猫の主食に当たります。基本はこの総合栄養食と水だけで、健康を維持することができます。主流は、猫の年齢に合わせて切り替えていくタイプですが、全年齢に対応するタイプもあり、近年人気です。

【年齢別切り替えタイプ】　　【全年齢対応タイプ】

全年齢対応タイプは、子猫から老猫まで、健康であるかぎりフードを替える必要がありません。ただし、「プレミアムフード」と呼ばれる高価格帯のものが多いので、経済的には負担になる場合も。左はロイヤルカナン マザー＆ベビーキャット、右はアズミラ キャットフォーミュラ。

## ドライフードとウェットフードの使い分けは？

総合栄養食には、水分量が10%程度以下のドライフードと、水分量が75%程度のウェットフード、その中間で水分量が25～35%のソフトドライがあります。1日の摂取カロリー内で、混ぜて与えても大丈夫です。それぞれの特徴を確認しておきましょう。

| | ドライフード | ウェットフード |
|---|---|---|
| メリット | ● 重量あたりの栄養価が高い<br>● 長期保存に適している<br>● 歯垢がつきにくい | ● 風味がよく食べやすい<br>● 水分がたっぷりで満腹感が得られる<br>● 開封しなければ長期保存可 |
| デメリット | ● 炭水化物の含有量が比較的高い<br>● ウェットタイプよりも満腹感が劣る | ● 開封後は品質の劣化が早い<br>● コストがかかる |

## パッケージをしっかりチェック

国内で販売されているすべてのペットフードは、「ペットフード安全法（愛がん動物用飼料の安全性の確保に関する法律）／環境省・農林水産省共管」にもとづいた表示がパッケージに記載されています。しっかりチェックしてから購入するようにしましょう。

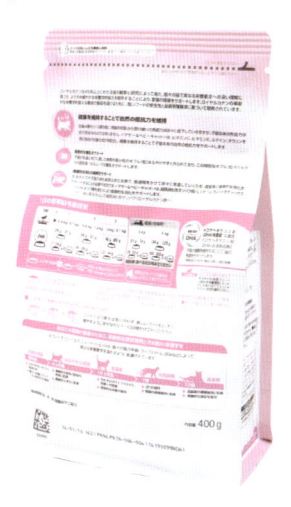

**1 種類**　「総合栄養食」であるか確認。それ以外に、一般食、副食、特別療法食などの種類がある。（→ P.69）

**2 対象**　年齢別切り替えタイプの場合は、猫の時期が記載されている。全年齢対応タイプは、輸入品が多いので、日本語による説明が書かれたシールを確認。

**3 原材料名**　トップに、チキン、サーモンなどたんぱく質系の食材がしっかり表示されているものが安心。添加物も確認しよう。

**4 与え方**　体重や月齢・年齢に対して、1日の供給量の目安や与え方が記載されている。

**5 エネルギー**　50g、または100gに対して何kcalかが表示されている。

**6 保存方法**　フードによって保存方法が異なるので必ず確認。また、パッケージの欄外などに、未開封で保存した場合の期限が、西洋暦と月日で表示されている。※14/01/18 は 2018 年 1 月 14 日

---

### Memo　原材料にある「○○ミール」とは？

「ミール」は直訳すると引いた粉のことです。例えば「チキンミール」と書かれていたら、鶏肉を乾燥させて粉末状にしたものを意味しています。メーカーによって使用している部位や製造方法が違います。

## 年齢別切り替えタイプの選び方

フードの主流として出回っている年齢別切り替えタイプは、子猫用、成猫用、高齢猫用とフードを替えていきます。それぞれ時期の特徴を知っておきましょう。

|  | 子猫用 | 成猫用 | 高齢期用 |
|---|---|---|---|
| 特徴 | 1年ほどで子猫から成猫になります。この時期は筋肉や脳が急激に発達するため、健康を維持するためには高カロリー、高栄養のフードが必要になります。ただし消化能力は低いので、消化のしやすさにも配慮されています。 | 現代は家猫として飼われるケースが多く、とくに避妊・去勢手術後は動きも落ち着いて運動不足になりがちに。肥満のリスクにも配慮し、カロリー控えめでありながらバランスよく栄養が配合されているものになります。 | 眠っている時間が長くなり、運動量もかなり減ってきます。骨折しやすくなったり、腎機能が低下したりするので、低カロリーでビタミンや食物繊維の豊富なフードに内容が変わっていきます。 |
|  |  ナチュラルチョイスキャットフード 室内猫用キトンチキン / Ⓓ |  ナチュラルチョイスキャットフード 室内猫用アダルトターキー / Ⓓ |  ナチュラルチョイスキャットフード 室内猫用エイジングケアチキン / Ⓓ |

## フードの切り替え方

新しいフードに替えるときに、急な切り替えは猫の体調を崩す原因になります。様子を見ながらゆっくりと進めましょう。初日は10〜20％、4〜5日目で50〜60％というように徐々に慣らしていきます。

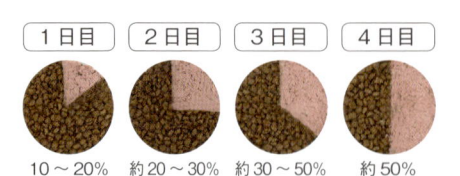

| 1日目 | 2日目 | 3日目 | 4日目 |
|---|---|---|---|
| 10〜20% | 約20〜30% | 約30〜50% | 約50% |

| 5日目 | 6日目 | 7日目 | 8日目 |
|---|---|---|---|
| 約50〜60% | 約60〜70% | 約70〜80% | 約100% |

## 「グレインフリーフード」とは？

「グレイン」とは穀物の意味です。パッケージに「グレインフリー」と記されていれば、原材料に穀物の入っていないフードという意味になります。猫は、野生では穀物を食べることはありません。穀物は猫にとって不必要なものといえます。一般的なフードはグレインを入れることでかさを増やし、価格を抑えながら、猫の健康を維持する栄養を配合しています。グレインフリーのフードを食べさせるかどうかは、飼い主の考え方にゆだねられるところです。

ナチュラルチョイスキャットフード
穀物フリーアダルトサーモン / Ⓓ

## 猫が1日に必要なエネルギー量を出してみよう

1日に摂取するカロリーが多すぎれば肥満になり、糖尿病を発症するリスクが高くなります。必要なエネルギー量は猫のライフステージによって変わるので、❶ ❷ ❸ の順で適切なエネルギー量をまめに計算し、愛猫が長生きできるように心がけましょう。

### ❶ 公式Aで簡易RER値（安静時のエネルギー要求量）を出す

公式A

$$30 × (体重kg) + 70$$

### ❷ ライフステージに合わせて下の数字をかける

| | |
|---|---|
| 4カ月以下 | = 3.0 |
| 4〜6カ月 | = 2.5 |
| 7〜12カ月 | = 2.0 |
| 1歳以上 | = 1.2 |
| 1歳以上、肥満傾向 | = 1.0 |
| 1歳以上、減量中 | = 0.8 |
| 高齢期（8歳以上） | = 1.1 |

### ❸ 必要なエネルギー量のフードを公式Bで出す

100g = 400kcal のフードなら

公式B

$$a ÷ 400 × 100$$

**例1**

3カ月で体重1.5kgのアメにゃん
公式A によるRER値 = 115
115 × 3（ライフステージ数）= 345

1日に必要なエネルギー量は
**345kcal（a）**

**例2**

2歳で体重4kgのエキにゃん
公式A によるRER値 = 190
190 × 1.2（ライフステージ数）= 228
※避妊済み、あまり活動的でない

1日に必要なエネルギー量は
**228kcal（a）**

**例1** の
アメ にゃんは

**例2** の
エキ にゃんは

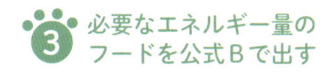

**1日 86g**
食べられる！

**1日 57g**
食べられる！

※おやつはカロリーに含めます！

● この計算式で出すエネルギー量はあくまでも目安です。
　獣医に、それぞれの猫に合った摂取量を確認しましょう。

## フードを与えよう

フードを与えましょう。おいしそうに無心に食べる猫の姿を見れば、フード選びの迷いも一気に吹き飛びます。

### 1 スケールで量って与える

子猫ならば1日2～3回、成猫ならば1日1～2回に分けてフードを与えます。サーブは清潔なスプーンを使ってください。

1回の量は必ずスケールで量ります。量の算出方法はP.67をご参照ください。

### 2 残ったら捨てる

ウェットフードを残していたら、早めに回収して捨てましょう。ドライフードは1日置いておいても大丈夫です。

### 3 器を洗う

ウェットフードは食事のたびに、ドライフードは1日に1回は器を洗いましょう。ペット用洗剤で洗うか、水洗いしたあとに熱湯でさっと消毒します。

### 4 保管する

ドライフードは、密閉容器に入れて保管します。入りきらない分は袋の口をしっかり閉じて冷蔵庫に。フードは必ず新鮮で常温のものを与えるように心がけましょう。

### Memo　子猫のうちにいろいろな味に慣れさせる

決まったフードしか食べられないと、病気療養の際や災害時に困ります。子猫のうちにさまざまなフードに慣らしておくと安心です。

## 総合栄養食以外のフード

総合栄養食以外におやつがあります。そのどちらにも該当しないものを「そのほかの目的食」として分類しています。

| | | 目的・用途 | 与えるタイミング | 与え方のポイント |
|---|---|---|---|---|
| | 一般食・副食 | いわゆる「おかず」です。総合栄養食が栄養バランスを重視しているのに対し、特定の栄養補給や嗜好を重視しています。 | 総合栄養食の補助として、通常の食事のタイミングで与えます。 | あくまでおかずなので、総合栄養食を中心にし、補助的な役割であることを忘れないように。 |
| そのほかの目的食 | 栄養補助食品 | 特定の栄養を与えたり、調節したり、カロリーを補うなどを目的にしたフードです。 | 総合栄養食の補助として、通常の食事のタイミングで与えます。 | 栄養を補うものなので、症状に見合ったものを選ぶことが大切です。判断に迷う場合は獣医に相談をしましょう。 |
| | 特別療法食 | 腎臓病や尿石症など、治療のためのフードです。獣医の指示に従って与えます。 | 総合栄養食の代わりに、通常の食事のタイミングで与えます。 | 徐々に移行させることが重要です。味に慣れないと3〜4週間かかる場合もあります。うまく移行していかない場合は獣医に相談しましょう。 |
| | おやつ | いわゆる嗜好品です。飼い主の手から直接与えることができるものも多いので、猫とのコミュニケーションツールのひとつとして利用しましょう。 | 病院で検査をしたあと、お留守番、爪切りやグルーミングなどがんばって我慢したごほうびに与えます。 | 成分表示やエネルギー量をチェックし、与えすぎには注意しましょう。毎日与えるとクセになってしまうので、特別なときのみと決めておきます。 |

## 1年に1回くらいなら！

# 手作りフードを作ってみよう

毎日しっかり健康管理しているからこそ、年に1回のお誕生日ぐらいは、カロリーはちょっと外に置いて、手作りフードを食べさせてあげるのもよいのではないでしょうか。新鮮なお刺身とチキンを使ったバースデーケーキとかわいらしい形のビスケットをご紹介します。

※レシピは、アメリカの獣医が監修している『A Cookbook of Nutritious, Homemade Meals for Cats and Dogs』に掲載されていたものを元にして、アレンジを加えたものです。

### 幸せの色のバースデーケーキ

新鮮なまぐろとサーモンのお刺身、その間にジューシーなチキンをはさみこんだ贅沢づくしのケーキです。かぼちゃペーストのお花を添えて。

### 材料

（直径7.5cmのセルクル1個分）

鶏むね肉　50g
鶏ハツ　1個
まぐろのたたき　50g
サーモンの刺身　50g
ひまわりの種（フライパンで軽く煎ったもの）　1g
ゆでたキャベツ　20g（刻んだもの）
かぼちゃのペースト　適量

### 作り方

1. 鶏むね肉は皮とスジを、ハツはまわりの白い脂肪をとりのぞきます。
2. 鍋に湯を沸かして1をゆでてしっかり火を通します。
3. まぐろのたたきとキャベツを混ぜます。
4. ひまわりの種は、包丁で細かく刻みます。
5. 2の粗熱がとれたら、ブレンダー、またはクッキングカッターに入れて細かくします。
6. 4とサーモンを、ブレンダー、またはクッキングカッターに入れてペースト状にします。
7. 皿の上にセルクルを置き、3、5、6の順に詰めて、セルクルで抜きます。
8. かぼちゃのペーストを絞り袋に入れて、7の上に花の形に絞り出します。

### ポイント

まぐろのたたきを詰めたら上面を平らにしてから、チキンを入れます。上に重ねていく食材を強く押し込むと、層が崩れてしまうので注意。

# かぼちゃのビスケット

かぼちゃ色をした魚や星に猫が夢中になってくれるはず。魚のように大きい型抜きを使う場合は、飼い主が小さく割りながら与えてあげましょう。

パセリ入り

ひまわりの種入り

## 材料

（作りやすい分量）

卵　1個
かぼちゃのペースト　60g
玄米粉　160g
チェダーチーズ（細かく刻んだもの）　20g
ひまわりの種（フライパンで軽く煎ったもの　1g
乾燥パセリ　ティースプーン1杯

ひまわりの種入り　　パセリ入り

## 作り方

1. オーブンを180度に予熱しておきます。
2. 卵をボウルに割って溶き、かぼちゃのペースト、チェダーチーズを入れてよく混ぜます。
3. 2の半分を別のボウルに移し、パセリを入れます。残りのボウルにはひまわりの種を細かく刻んで入れます。
4. 玄米粉を½ずつ、それぞれのボウルに少しずつ様子を見ながら入れて混ぜます。手で丸めて、まとまるくらいの硬さにします。粉が多い場合は水を少し足しても大丈夫です。
5. ボードにラップを敷き、4をそれぞれ、麺棒で5mm程度の厚さにのばします。
6. 天板にオーブンシートを敷いて、5を好みのクッキー型で抜いておきます。
7. オーブンに入れ、型の大きさに合わせて7〜8分、魚型は10分程度焼けば完成です。

※1枚割って中が生焼けになっていないか確認しましょう。

### ポイント

それぞれのビスケット地をラップの上で5mm程度の厚さにのばします。打ち粉（小麦粉）は使いません。

# 水の飲ませ方

猫は水を飲まないと病気になりやすいので、できるだけ水を飲ませるようにしましょう。家の中に数カ所、水飲み場を用意し、落ち着いた環境でゆっくりと水を飲むことができるように工夫しましょう。

猫の言い分

● 新鮮な水がおいしいにゃ。夏場はちょっと冷たいほうがうれしいな
● 水を飲む器にヒゲが当たると飲みにくいよ。器は大きめで深めなものがいいにゃ

## 1日2回、夏は3回交換

もともと猫は飲水量が少ない動物で、濃縮した尿を作り出すのに腎臓に負担がかかります。そのため年をとると腎臓の病気になりやすくなっていきます。子猫時代から水をたくさん飲ませる工夫をしていきましょう。まずは水をこまめに替えること。

最低でも1日2回、夏は1日3回は替えてあげましょう。

**正常な猫の1日の飲水量**
● カリカリフードを食べている猫
　体重1kg×50㎖以下
● ウェットフードを食べている猫
　体重1kg×10㎖以下

ふわもこ学

### 飲水量で健康チェック！

ふだん、どのくらいの量を飲んでいるのか把握しておくと安心です。

1 いつも使っている水飲み皿を2つ用意し、同じ量の水を量って入れて、ひとつは猫が飲めないように網をかけます。

2 2時間後に2つの皿に残った水の量を量ります。
例）水200㎖が100㎖になっていて、網をかけたほうは180㎖だった場合
(200 - 100) - (200 - 180) = 80㎖
→これが半日の飲水量です。

3 1、2をもう一度繰り返して、1日の飲水量を出します。
※昼と夜では飲水量が違うので、2回行うことが大切です。

## 飲む量を増やすコツ

いろいろ試してみましょう。

### 1 水飲み場をチェック

猫はきれい好きなので、清潔で人の来ない、静かな場所に用意してあげましょう。

### 2 容器をチェック

水を飲む器はヒゲが器に当たらないよう、大きめなものを用意しましょう。少し深めで安定感があると猫も安心して水が飲めます。

### 3 流れる水に替えてみる

流れている水を飲むのが大好きな猫も多くいます。流水器を利用してみてもよいでしょう。セラミックファウンテン / Ⓔ

### 4 食事の回数を増やす

食事の1回量を減らし、その代わりに回数を増やすことで、水を飲む量が自然に増えます。

### 5 ウェットフードにする

ウェットフードの水分量は80%近くにのぼることも。ウェットフードに替えることで、水分摂取量を増やすことができます。

### 6 水ににおいをつける

まぐろやささみのエキス、またたびなどのにおいを少量つけてみても。市販されているので活用してみてください。

● 水飲み場!? ●

蛇口から出る水が好きなコ

お風呂の水が好きなコいろいろいるけど

今までで一番ビックリだったのは——

あっ また！

トイレの水が好きなコでした……（実話）

やめてぇ〜

**Chapter 2**

❖ 水の飲ませ方

---

### 📝 Memo 水道水かミネラルウォーターか

基本的にはどちらでも大丈夫です。ミネラルウォーターで避けたいのはマグネシウム量の多い硬水です。軟水と呼ばれる日本の水系のものは、ほぼ安心です。ただし、水道水が消毒されているぶん鮮度が長もちするのに対し、ミネラルウォーターは、鮮度が落ちやすいので、こまめに替えてあげることが大事です。

# フード・水についての
## こんなときどうする？

どちらも健康に直結するものなので、ちょっとしたことで心配になることがあります。よくある心配事を解決します。

## Q 食欲にムラがある

日によってガツガツ食べたり、食べなかったり。食欲のムラは自然なことです。野生の名残で毎日同じ量の食事をとらなくても猫は大丈夫。元気なら心配いりません。

## Q 吐く

猫は吐くことが多い動物です。食事のあとに吐く原因は早食いだったり、フードと相性が悪かったり。早食いを防ぐには1回の量を減らしたり、早食い防止用の器を使っても。1日に複数回吐く場合は獣医に相談を。

## Q 水に足をつっこむ

本来、水が苦手な猫ですが、子猫のうちは遊び心や興味から、器の水に足を入れたりすることもあります。いけないことをしたら、スプレーで顔に水をかけてびっくりさせ、これはいけないということを教えましょう。

## Q 好みが激しい

好きなものばかり食べて偏食ぎみの子は長年で必要な栄養素が足りなくなる心配があります。食べないものも1〜2カ月間をおいて与えると食べることもありますから、気長に偏食を直していきましょう。

## Q 炭酸水を飲みたがる

炭酸水の泡が気になるのでしょう。飲んでびっくり！ということもあります。飲んでも害はありませんが、多飲すると炭酸ガスが胃にたまり、苦しくなるので注意しましょう。

## Q 人の食べ物を欲しがる

人の食べているものは猫にとって塩分が多くて、健康によくありません。テーブルに上がってくるような場合は猫の顔に水をスプレーし、ダメだということを教えましょう。

## Q ウェットを与え始めたらドライを食べなくなった

ドライフードにウェットを混ぜ、少しずつドライの量を増やしていきましょう。ウェットな食感が好きなら、ドライに水を含ませて与えてみるのもよいでしょう。

# トイレの環境を作る

きれい好きでデリケートな猫にとってトイレは重要です。気持ちよく排泄ができるように、環境を整えてあげましょう。

猫の言い分

- 不潔なトイレはかんべんして！
- 騒々しい場所だと落ち着かない……
- ごはんを食べる場所から遠くに置いてね

## 猫が落ち着いて用を足せる6つのキーワード

### ① 清潔

猫はとても清潔好きで、ちょっとデリケート。トイレの砂はいつもきれいにしてあげるよう、心がけましょう。

### ② 場所

静かで落ち着いた場所でゆっくりと用を足したいのは猫も同じ。人通りのないコーナーに用意しましょう。

### ③ 数

飼い主が日中留守にすることが多く、トイレの砂をなかなか替えられない場合は、複数台あると猫も安心です。

### ⑤ デザイン

トイレのデザインはさまざまにありますが、こればかりは猫の好みです。いくつかの種類を設置してみると、好みがわかります。

### ④ 大きさ

日本の住宅事情もありますが、猫の体長×1.5倍が目安です。猫の祖先は草原や砂漠に暮らしていました。見渡しのよい草むらのような場所をイメージしてあげましょう。

### ⑥ 猫砂

デザインと同様に好みがあります。システムトイレ（→ P.76）の場合は、専用の砂になるので、子猫のうちから慣らしてあげるとスムーズです。

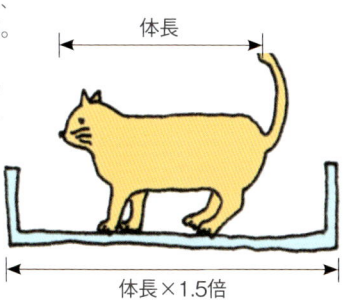

体長

体長×1.5倍

## トイレの選び方

多彩なデザインや機能をもったものが販売されています。それぞれの特徴、短所、長所を理解し、愛猫に合ったものを選びましょう。

### ① 子猫用か成猫用か

子猫用は中に入りやすいように入り口が浅く作られています。大きさは、小さくても猫が、中でぐるりと一周できる広さが必要です。理想は、猫の体長×1.5倍以上の広さ以上です。

### ② 横入り口か上入り口か

カバーつきは、体が囲まれることで安心します。ほかの猫に邪魔されずに用を足せるので多頭飼いにもおすすめです。横に入り口がついているものと上から入るものがあります。

**成猫用**
子猫用に比べると縁の高さもあり、砂がまわりに飛び散りにくい構造になっている。子猫用に比べると入り口は高め。/ Ⓔ

**子猫用**
子猫が中に入りやすいように入り口は浅くなっている。/ Ⓔ

囲まれるので、敵から身を守りたい猫には安心。入り口が横なので、入りやすくてダッシュで外に出やすい。/ Ⓒ

完全に身を隠せる。上から入るので、箱好きの猫にも。一見、猫トイレとわからないインテリア性に優れたものが多いのも特徴。/ Ⓐ

### ③ 箱型かシステムトイレか

トイレの種類によって、猫砂とお手入れ方法などが異なってきます。
メリットとデメリットを比べてみて、飼い主のライフスタイルに合わせて選んでもよいでしょう。

| | 箱型 | システムトイレ |
|---|---|---|
| **種類** |  箱型 / Ⓑ | システムトイレ / Ⓒ |
| **メリット** | ● 価格は低め<br>● シンプルな構造なので、洗うなどのお手入れも簡単にできる<br>● 猫砂の種類が豊富 | ● オシッコのたびに砂を替える必要がないので留守がちな家には便利<br>● 病院で尿検査が必要な際は、下に溜まった尿を持っていくことができる（→ P.153） |
| **デメリット** | ● オシッコのたびに濡れた部分の砂を替える必要がある | ● 専用の猫砂が必要<br>● 二重構造になっているので、洗うなどのお手入れするパーツが多い |

ニャンとも情報局

# まだまだあるよ！ 便利なトイレ

## 全自動トイレ

トイレ掃除が嫌いな人、忙しい人にはぴったり。専用の猫砂も必要ない。ただし値段が高く、サイズも大きいので場所をとる。

キャットロボットオープンエアー／Ⓔ

## ポータブルトイレ

小さく折りたたんで収納できるので、お出かけ時や予備のトイレとして最適。災害などいざというときに備え、用意しておくとよい。

イージーキャットトイレ／Ⓐ

## 猫砂の選び方

近年はコンビニエンスストアでも買えるようになりました。吸収力と脱臭力があり、捨てやすいものが人気ですが、選ぶのは猫。猫と相性のよいものを見つけてください。

| | 箱型・全自動トイレ・ポータブル | | | | | システムトイレ用 |
|---|---|---|---|---|---|---|
| | 鉱物系 | 紙系 | 材木系 | 食品系 | シリカゲル系 | |
| 乾いた状態 | | | | | | |
| 濡れた状態 | | | | | | |
| 特徴 | 穴掘りができるので、猫の本能をくすぐる。重量があり持ち運びは少し大変 | 軽く持ち運びしやすい。軽いので猫が穴を掘るときに散らばりやすい | 本来、木の上で暮らしていた猫にとって相性のよい素材。飛び散りやすい | おからやお茶など食品でできているので、誤って食べても安心 | 猫砂のなかでも消臭力は抜群。尿を素早く吸収し、乾燥させる | 高分子吸収剤や抗菌剤なども含まれ、1週間ほど使用できる |
| 捨て方 | 不燃ゴミ | 可燃ゴミ トイレに流せるものもあり | 可燃ゴミ トイレに流せるものもあり | 可燃ゴミ トイレに流せるものもあり | 可燃ゴミ | 可燃ゴミ |

● 捨て方は、お住まいの自治体によって異なる場合があります。

## トイレを掃除する

猫はとてもきれい好きです。猫が排泄をしたら、なるべく早くお掃除して、トイレ環境を整えてあげましょう。

### 🐾 排泄ごとに行うのが基本

ウンチかオシッコか確認し、汚れた猫砂ごと排泄物をとりのぞきます。システムトイレはウンチのときのみとりのぞきます。

新しい猫砂を足して元のようにきれいに平らにならしておきます。

### 🐾 システムトイレの場合はさらに

オシッコは、下のトレイに落ちて吸収されています。1週間に1回の割合で掃除し、シートや砂を敷き直します。

**ニャンとも情報局**

#### 濡れるとおがくずになるシステムトイレの砂

ペレットの一粒一粒が天然の抗菌剤として働きます。オシッコで濡れるとおがくずになってスノコから下に落ちるので、猫砂が清潔に保てます。

パインウッド／Ⓛ

### 🐾 月に1回行う基本

 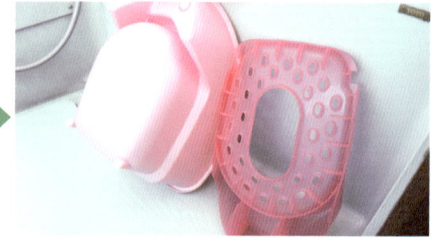

月に一回は、猫砂をすべて交換します。トイレを分解してきれいに洗いましょう。

自然乾燥させます。※この間にポータブルトイレを設置し、慣らしておくと災害時の訓練に。

## 便利なトイレまわりのグッズ

さまざまなトイレまわり用品があります。猫に合うものを探してみましょう。

### 🐾 猫砂の飛散対策に!

**砂とりマット**

玄関マットや人工芝を扱う会社が開発した猫用商品。猫の足裏についた細かい猫砂をしっかりキャッチします。お掃除も簡単で清潔です。
OPPO necoshiba/ Ⓕ

プラスチック製で、猫砂をしっかりキャッチします。かわいいパステルカラーがインテリアのポイントにも。
コロル 猫の砂取りマット / Ⓑ

### 🐾 におい対策に!

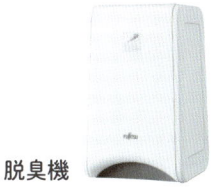

**脱臭機**

高速メガフィルターで強力、スピーディーに脱臭しながら、猫毛もしっかりキャッチ。コンパクトサイズです。
プラズィオン脱臭機　DAS-15E/ Ⓖ

**トイレカバー**

猫用ハウスと兼用のもので、中にトイレを設置することができます。すっぽりとおおうので部屋に広がるにおいを防ぎます。
キャットドレッサー / Ⓐ

**におわないポリ袋**

中に入れてしっかり口を閉じておけば、外ににおいがもれません。ゴミ回収日までの必需品です。

### ニャンとも情報局

**殺菌消臭液**

においだけでなく、猫に有害な菌類も撃退。人にも猫にも安心・安全な成分が使われており、洗濯石鹸などに混ぜて使うことも可。土にも返せます。

アダムフレッシュ
スーパークリーナー 500ml / Ⓗ

● どっちか選んで ●

オープンタイプとドームのついたもの……

気に入ったほうを残そうね!

大はこちら　小はこちら　結果——　に決めたよー!

両方かっ　すっごく場所とるんですけどっ　ニャー♡

Chapter 2

🐾 トイレの環境を作る

## トイレで健康チェックを

排尿・排便の状態は猫の健康チェックに欠かせません。次のような項目が該当するときは体調不良かもしれません。かかりつけの動物病院に相談してみましょう。

### 🐾 排尿・排便のときにチェック

- ☐ いつまでも座っている
- ☐ 排泄中に鳴く
- ☐ トイレでない場所で排泄する
- ☐ 回数が少ない
- ☐ 回数が多い
- ☐ 3日以上便通がない

### 🐾 尿・便でチェック

- ☐ 血が混ざっている
- ☐ 色がいつもと違う
- ☐ 量が少ない
- ☐ 便がゆるい
- ☐ においに異常がある

## ふわもこ学　トイレハイって何？

猫を飼い始めると、トイレから出たあとに猛然と家の中を走り回る様子を不思議に感じることでしょう。トイレのあとのハイテンションなのでトイレハイと呼びます。猫によって、ひたすら走る猫、爪をガシガシとぐ猫、雄叫びをあげる猫などその様子はさまざまです。右は原因として考えられていることです。

**1 縄張り意識から**

縄張りをもつ猫は狩りへの道筋や高所でウンチをすることがあります。目立つところでウンチをするのは隙だらけで危険です。猫としてはかなりの大仕事なのでテンションがあがるようです。

**2 その場から離れる**

野生で生きてきた猫はウンチのにおいがすると周囲の捕食者に見つかってしまう危険性があるので、その場から離れるためにダッシュをします。

**3 交感神経と副交感神経が入れ替わる**

トイレ中は落ち着いてするために副交感神経が優位になり、トイレのあとは交感神経が刺激され、ハイになるといわれています。

**4 気分がよくなる**

単純に排便後はすっきりとして気分がよくなるので、ハイテンションになります。

# こんなときどうする？

## Q トイレ以外の場所で排泄する

例えば床やドアマット、部屋の隅、テーブルの下、カーペットなど水平面での排泄は垂直面での排泄（マーキング）とは異なります。膀胱炎や尿路結石など何らかの病気が隠れてはいないか、原因は何かを考えてみましょう。

### オスのスプレー行動とは？

尿をかけてマーキングすることです。猫の尿には年齢やケンカの強さなど、さまざまな情報が詰まっています。ストレスが原因の場合もありますが、去勢手術をすることでスプレー行動の90%は解決するといわれています。

**原因と対策**

### ◎トイレが汚い

猫はきれい好きです。トイレの汚れが不適切な場所での排泄の原因になることもあります。トイレの砂は頻繁に替え、清潔に保ちましょう。

### ◎飼い主の気をひく

飼い主にもっとかまってもらいたい、甘えたいなどの気持ちが不適切な場所での排泄につながることがあります。もっと自分を見て〜というサインかもしれません。

### ◎ストレス

何らかのストレスで不適切な場所での排泄をする猫もいます。ストレスが発散できるよう、環境を整えてあげましょう。

### ◎トイレと認識

トイレ以外で排泄したときには、その場所を徹底的に掃除し、きれいにしておかないとトイレと認識し、同じ場所で繰り返し排泄するようになってしまいます。

### ◎トラウマ

排泄しているときに不快な体験をしたことがある。例えば大きな音がした、犬に吠えられたなど。それがトラウマとなり、トイレを使わなくなることがあります。

### ◎高齢猫

高齢になると筋力が弱るのでトイレの縁をまたげなかったり、トイレまでたどりつけないことがあります。ベッドの近くにトイレを配置するなど環境を見直してあげましょう。

## Q 長毛種のおしりにいつもウンチが！

ふさふさした毛が愛らしい長毛種。しかしウンチをつけたままトイレから出てきて、困ってしまう飼い主も多くいます。対策をご紹介します。

### 1 ウェットティッシュで拭いてクシで落とす

いちばん簡単な方法です。ウェットティッシュとクシはすぐにとり出せる場所に置いておきましょう。

 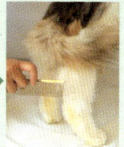

### 2 おしりだけ洗う

ウンチが乾いてしまってとれないときは、おしりだけ洗います。きれいになったらしっかり乾かしてあげましょう。

### 3 おしりのまわりの毛だけカットする

あまりにも頻繁にウンチをつけてしまう場合は、獣医に相談してください。おしりの毛だけをカットすることができます。

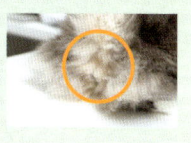

# 爪とぎをしつける

猫にとって爪とぎは、新しい爪への更新、マーキング、
ストレス解消など、さまざまな意味をもっています。
猫好みの爪とぎを用意してあげましょう。

ガリガリウォール / Ⓐ

猫の言い分

- 人間にはわからないだろうけど、爪をとぐって、ホントに気持ちがいいんだ
- 壁や柱をガリガリするなと言うなら、心地いい爪とぎ場を用意して
- 爪とぎの素材やデザインにもこだわるのがボクたち猫。好みの爪とぎに出合えたら、幸せだなぁ

## 🐾 爪とぎのしつけのポイント

### 1 過去に爪とぎをした場所で再び爪をとぐ

猫は過去に爪とぎをしたことのある場所で再び爪をとぐ傾向があります。一度爪をといだ場所に、専用の爪とぎを設置しておくと、そのまま気に入って爪とぎ器を使ってくれます。

### 2 目につきやすい場所で爪をとぐのが好き

猫が好んで爪をとぐのは目立つ場所です。マーキング行動の一部で、パフォーマンスでもあります。目立つ場所に爪とぎ器を置いて、好きなときに自由に爪をとがせてあげると満足します。

ふわもこ学

### なぜ猫は爪をとぐのか

下記のような理由からと考えられています。

| 爪のお手入れ | マーキング | ストレス発散 | 気分転換 | 甘えている |
|---|---|---|---|---|
| 猫の爪は多重構造になっています。古くなった爪のもっとも外側の層をはがし、常に新しい爪を出すというお手入れです。 | 爪で対象物を傷つけ、肉球にある汗腺から発する自分のにおいをこすりつけることで、自分の縄張りを主張しています。 | 「頭にきた！」「腹が立つ！」そんなときは爪とぎ器でガリガリ！気持ちよくとげば溜まったストレスが解消するようです。 | 背伸びしながら爪をといでいる姿はいかにも気持ちよさそうです。退屈したときも爪をガリガリして気分転換します。 | 「ねえねえ、かまってよ〜」「もっと私を見て〜」という飼い主への訴えを爪とぎという行動で示していることもあります。 |

## 爪とぎをしつける

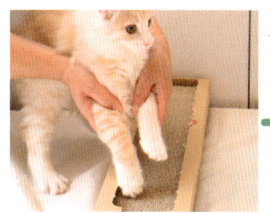
猫を爪とぎ器に連れていき、場所を覚えさせます。

一度、自分のにおいがついた爪とぎ器で爪をとぐようになります。

### こんなときどうする？

**Q 家具に爪とぎをします。どう防げばいいですか？**

まずは使っている爪とぎが古くなっていないか確認しましょう。とくにダンボール製は表面の消耗が激しいので、とぎ心地が悪くなっているのかもしれません。こまめに交換してあげることが大切です。そのほかは下記をご参照ください。

**1 爪とぎ保護シートを貼る**

爪とぎをしている家具に専用の保護シートを貼ります。

ペット用柱・壁の保護シート／©

**2 忌避剤をスプレーしておく**

ペット用いたずら防止スプレー／©

**3 爪を切る**

古い外側の爪をはがすという意味合いもあるので、定期的に爪を切ると、爪とぎをする回数が減るようです。

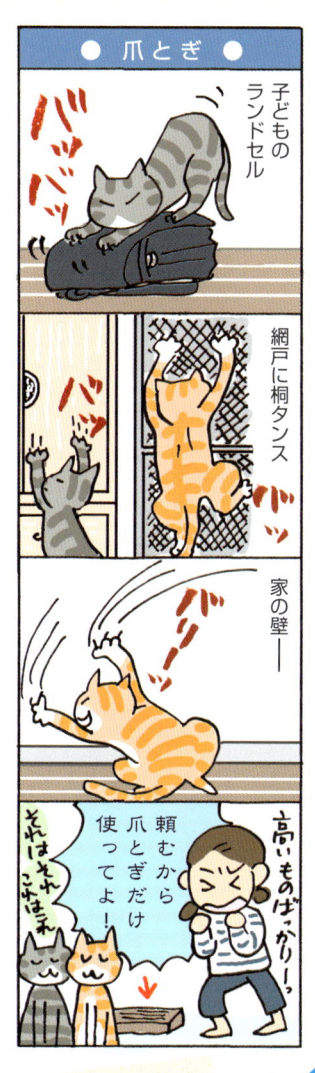

● 爪とぎ ●

子どものランドセル

バッバッ

網戸に桐タンス

バッ

ドッ

家の壁

バリリッ

高いものばっかり〜っ

頼むから爪とぎだけ使ってよー！

それはそれこれはこれ

愛猫コレクション その1

**「古い爪」**

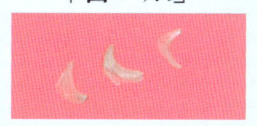

床などにときどき落ちています。「どの指の爪だったんだろう」と想像するだけでも楽しくなります。

# 日々のお手入れ

顔や被毛などのケア全体を指して「グルーミング」といいます。愛猫の健康と幸せを守るためにも、コミュニケーションをとりながら行ってあげましょう。愛情がしっかり伝わりますよ。

猫の言い分

嫌がっているように見えるかもしれないけど、ボクのためにやってくれているって知っているよ〜。本当はうれしいんだ。ケアをまめに行ってニャン！

| | 爪切り | ブラッシング | 目のケア |
|---|---|---|---|
| お手入れ項目 | | | |
| 目的 | 長く伸びた爪は家具を傷つけたり、猫自身を傷つけたりしてしまうことも。定期的なケアが必要です。 | 毛球症の防止のために、また美しい毛並みのために必要です。コミュニケーションもとれます。 | 目ヤニや涙焼けなどをチェックすると同時に、汚れやすい部分なのできれいにします。 |
| タイミング | 2〜4週間に1回程度を目安に。 | 長毛種は1日1回。換毛期は特にていねいに行います。 | 目ヤニや涙焼けが出たタイミングで。食事のあとなど要チェックです。 |

| | 耳のケア | 鼻のケア | 歯のケア |
|---|---|---|---|
| お手入れ項目 | | | |
| 目的 | 猫にとって耳は重要な器官です。入り口に溜まる耳アカをとり、中をのぞいて異変がないかを確認します。 | 猫の健康状態を見る大切な器官です。鼻が詰まっているとにおいをかぐことができず、食欲が落ちてしまいます。 | 猫は虫歯にならないので、歯のケアは歯肉の炎症の予防と改善のために行います。また、口臭を予防し、軽減します。 |
| タイミング | ブラッシングの際に、耳の中をチェックしましょう。 | 猫がリラックスしているときを見計らい、手早くケアを行います。 | できれば毎日、少なくとも週に2〜3回は行うと安心。 |

 **爪切りをする**

爪切りの好きな猫はいません。爪切りの道具を見ただけで逃げ出す猫もいます。無理強いはせず、リラックスしているときを見計らい、爪切りをしましょう。

## 用意するもの

猫用爪切り。
人用の爪切りでも可。

## ウォーミングアップ！

遊んであげたり、なでてあげたりして猫をリラックスさせます。

指先を押して、爪を出したり引っ込めたりします。

|||||||||| **Let's care!** ||||||||||

## 専用爪切りで切る

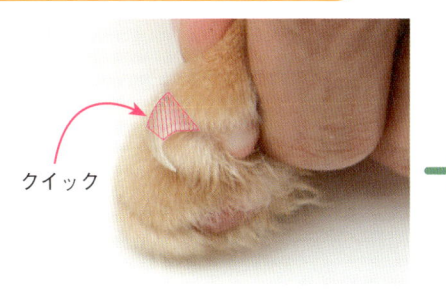

クイック

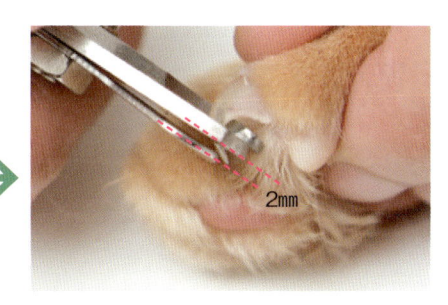

2mm

**1** 爪の内側の「クイック」と呼ばれる部分には血管が通っています。指先を押して爪を出し、クイックの部分と外側の白くて尖った部分があるのを確認します。

**2** 爪切りを外側の白い部分の先端から約2mmほどの位置に入れて切ります。

## 人用爪切りで切る

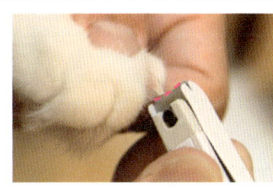

人用爪切りで切る場合は、爪に対してタテ方向に入れてカットします。

before

after

### こんなときどうする？

**Q 爪切りを嫌がります**

猫が爪切りを嫌がったら、無理強いせずにすぐにやめましょう。また、バスタオルで体をすっぽりとくるんであげると落ち着きます。

## ブラッシングをする

毛並みを整え、毛玉や毛のからまりを防ぐための大切なケアです。とくに長毛種の猫には欠かせません。猫との大切なコミュニケーションにもなります。

### 用意するもの

さまざまな種類があるので猫に合わせて選びましょう

| ラバータイプ | ファーミネーター | コーム | 粘着紙 | スリッカーブラシ |
|---|---|---|---|---|
|  |  | 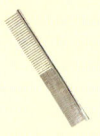 |  |  |
| 皮膚への当たりがソフトで、短い毛もきれいにからめとります。 | 軽くブラッシングするだけで不要な被毛を90%とるというアイディア商品。 | ノミとり用として全体にかけたり、毛玉をほぐしたりするときにも使います。 | ブラッシングの仕上げに全体をかけたりします。ペット専用のものを使います。 | 長めのピンで不要な被毛を、短い時間でとることができます。 |

## ||||||||||||||||||||| Let's care! |||||||||||||||||||||

## 猫の毛をチェックしてみよう

被毛の方向に沿ってブラシを入れることで、被毛を整えながら効率よく余分な毛をとることができます。猫もこのほうが気持ちいいようです。

### 顔・頭

### 全身

顔、頭はやさしくていねいに行うと、猫も気持ちいいようです。

基本的に毛並みに沿ってブラシを入れます。長毛種はおなか側の足のつけ根をしっかりと。

# 基本のブラッシング

母猫が子猫の全身をなめて毛づくろいする気持ちでやさしく行いましょう。不要な毛がとれるだけでなく皮膚の血行もよくなり、健康維持に役立ちます。

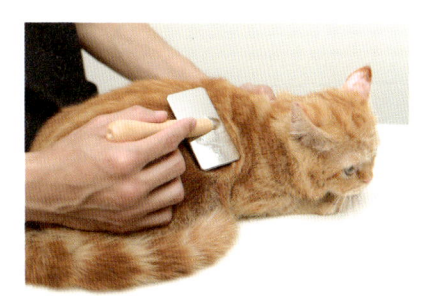

**1** 顔、頭、背中の順に、左ページの毛の流れに沿ってブラシを入れていきます。

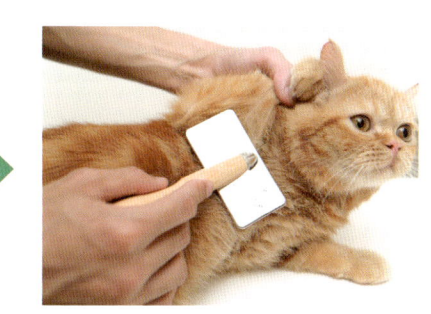

**2** 前足を上げて、つけ根をブラッシングします。毛玉ができやすい部分です。反対側も同様に。

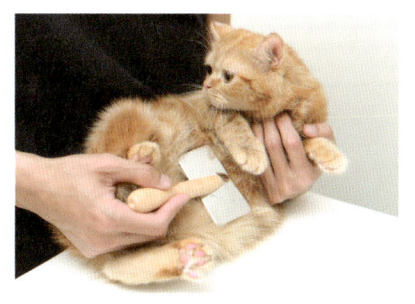

**3** 前足のつけ根に手を入れてひっくり返し、おなかをブラッシングします。

**4** 長毛種の場合は、さらにコームで、毛並みを整えながら毛玉があればほぐします。

**こんなときどうする？**

**Q ブラッシングを嫌がる**
猫がリラックスしているときにその場所で行います。

**Q 皮膚が弱い**
やわらかいラバーブラシ、または手ぐしで行いましょう。

**愛猫コレクション その2**
**「被毛・ヒゲ」**

被毛やヒゲなどを大切に保管したいときは、湿度や虫から守ってくれる桐箱に。幸せのりんご桐マルチケース／Ⓓ

## 長毛種のポイント

とくに毛玉ができやすい胸、足のつけ根、しっぽなどはていねいにブラッシングしましょう。毛玉予防、毛球症予防のためにも1日1回、換毛期は朝晩2回行います。

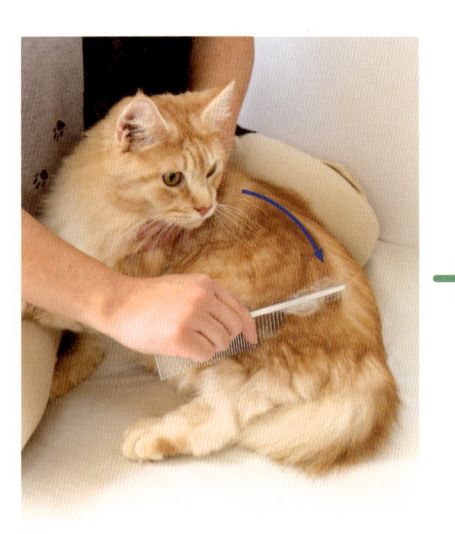

**1** 流れは前ページの基本と同様です。顔、頭、背中の順でブラッシングしていきます。

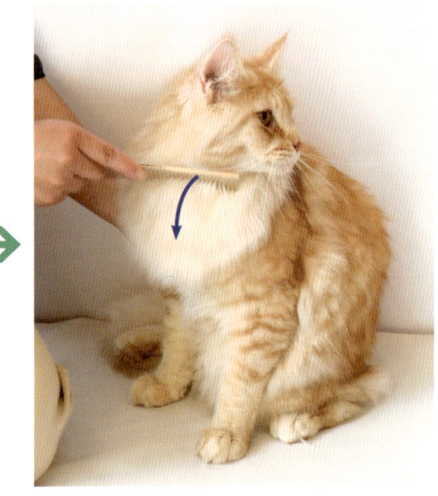

**2** 首から下をブラッシグ。毛玉のできやすい部分なのでていねいに。

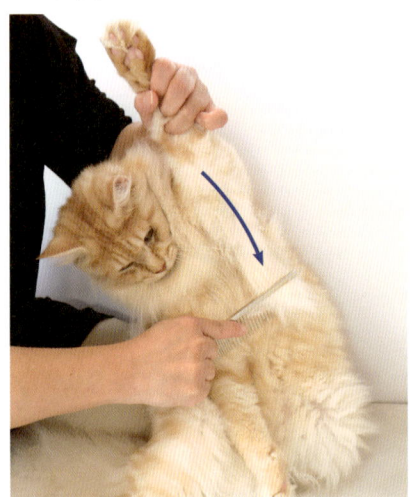

**3** 前足のつけ根毛玉ができやすい部分です。しっかりていねいに行います。

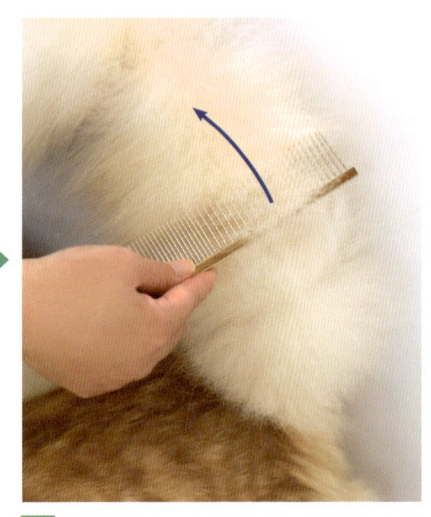

**4** 長毛種はしっぽの被毛も毛玉になるので、ブラッシングします。短毛種は不要です。

# こんなときどうする？

## Q 長毛種に多い大型猫。ブラッシングが大変です！

頭を抱きかかえると、背中からおしりのブラッシングがしやすくなります。

**Point 1** 下半身は頭を抱きかかえて

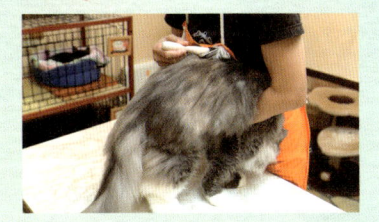

顔から頭をブラッシングしたら、頭を抱きかかえると、背中からおしりのブラッシングがしやすくなります。

**Point 2** 首は後ろから手を回して

首の下は、後ろから手を回すとブラッシングしやすくなります。

**Point 3** 横寝させておなかをブラッシング

おなかをブラッシングするのはなかなかの難関。横寝をさせて行うと楽です。

**Point 4** 前足のつけ根もしっかりブラッシング

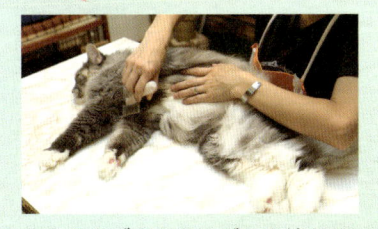

おなかをブラッシングした流れで、毛玉のできやすい足のつけ根をブラッシングします。

## Q 毛玉を見つけたときは？

手でもみほぐしコームなどで少しずつほぐしていきます。
ほぐせない場合は、その部分をカットします。

前足のつけ根に毛玉ができています。

固まっているので、指でもんでほぐします。

クシやファーミネーターを使って少しずつほぐします。

 **目と鼻のケア**

目ヤニや鼻水はほうっておくと固まってとれにくくなってしまうので早めに清潔なコットンなどで拭きとります。目ヤニが赤褐色なのは正常な新陳代謝によるものです。

## 用意するもの

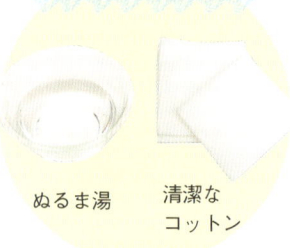

ぬるま湯　　清潔なコットン

## ウォーミングアップ！

 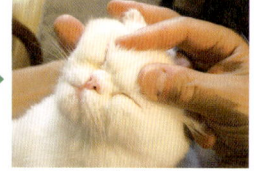

抱っこしてリラックスさせます。

目のまわりをマッサージすればさらにリラックス！

||||||||||||||||||||||||| Let's care! |||||||||||||||||||||||||

## 目のケア

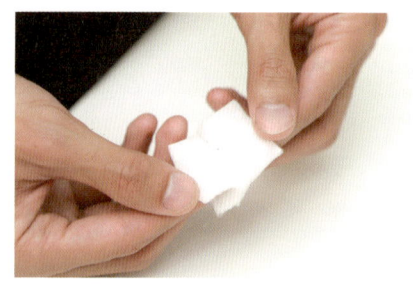

**1** コットンの厚さを半分にして、左右それぞれ目に対して1枚ずつ使えるようにします。

**2** 目ヤニをやさしく拭きとります。固まっていたらコットンをぬるま湯でぬらしてから拭きます。

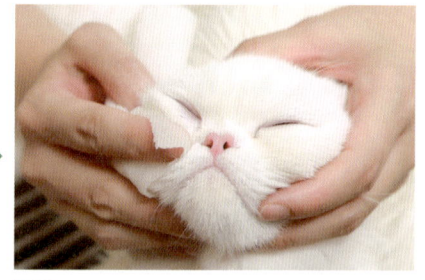

### ふわもこ学　鼻ペチャ猫の涙焼け

鼻が短い猫は涙目になりがち。それが原因で毛色が赤褐色に変化する涙焼けができます。涙焼けクリーナーなどでこまめにケアしてあげましょう。

涙焼けクリーナー　before　after

## 鼻のケア

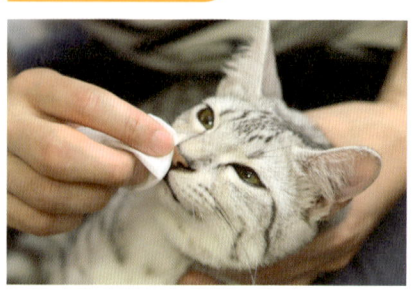

鼻水が出ていたら、コットンで、やさしく拭きとります。

## 耳のケア

体質的に耳の脂分が多く、耳アカのたまりやすい猫がいます。外耳炎の原因になりやすいので、汚れや耳あかを見つけたら、きれいにしてあげましょう。

### 用意するもの

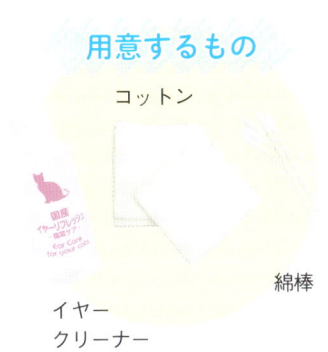

コットン

綿棒

イヤークリーナー

### ウォーミングアップ！

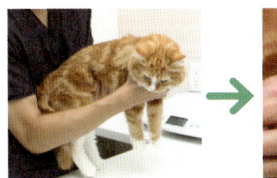 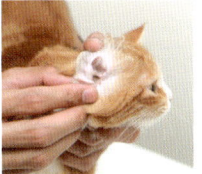

抱っこしてリラックスさせます。

耳をひっくり返してみます。

## ||||||||||||||||| Let's care! |||||||||||||||||

**1** コットンを半分の厚さにして左右それぞれのぶんを分けます。

**2** イヤークリーナーをコットンに含ませます。

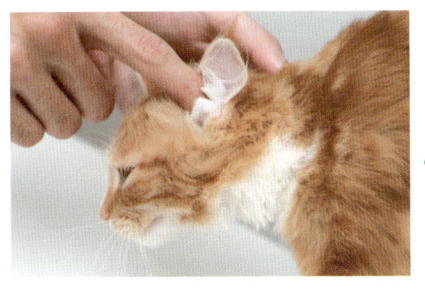 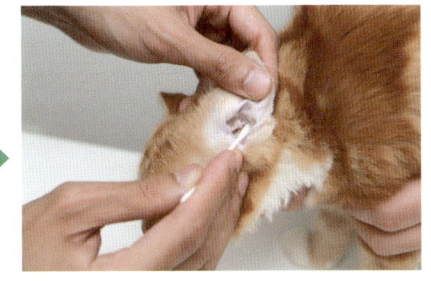

**3** 耳の入り口をきれいに拭きとります。奥のほうまでやらなくても OK です。

**4** 複雑になっているところは綿棒を使ってきれいにします。

飼い主が歯に触ることに抵抗を感じる猫も多いので、なるべく子猫のうちから慣れさせておくとよいでしょう。ウェットフードが好きな猫は、とくに歯垢がたまりやすいのでまめなケアが必要です。

## 用意するもの

歯間ブラシ　　　ガーゼ

## ウォーミングアップ！

抱っこしてリラックスさせます。

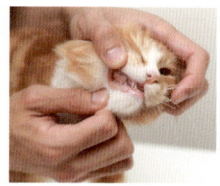

口まわりを触って嫌がらなければ、歯も触ってみましょう。

## Let's care!

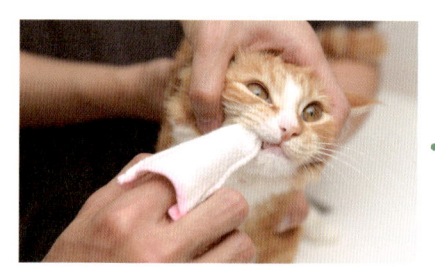

**1** 指にガーゼを巻きつけて、歯の表面をやさしく拭きます。

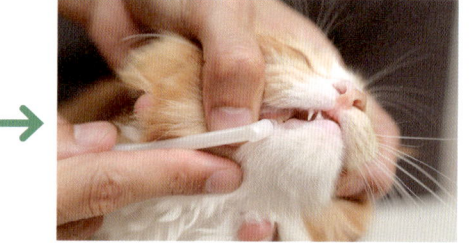

**2** 歯間ブラシを使って歯と歯ぐきの間の歯石をやさしくかき出します。

---

ふわもこ学

### 生後3〜6カ月で乳歯から永久歯に

生後2週間ごろから乳歯が生え始め、1カ月ぐらいで上下合わせて26本になります。さらに3〜6カ月の間に永久歯に生え替わり、30本になります。

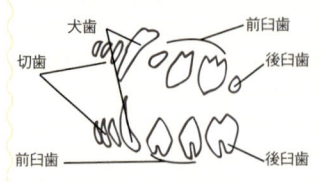

犬歯　　　　前臼歯
切歯　　　　　　後臼歯
前臼歯　　　　　後臼歯

歯石がいちばんたまりやすいのは、上顎の前臼歯のあたりです。

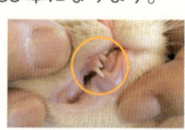

乳歯の隣に永久歯が生えてくるので、時期によっては、犬歯が2本並んでいるのを見ることができます。

---

### 愛猫コレクション　その3

## 「乳歯」

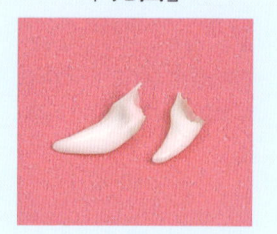

たいていは食事と一緒に食べてしまったり、気づかずに掃除してしまったりします。ポロリと落ちている乳歯を見つけたらかなりのラッキー‼です。

# シャンプーの やり方

猫は自分でグルーミングをするので汚れていません。猫種にもよりますが、長毛種でも年に数回程度で大丈夫です。

猫の言い分

- ● ボクたち猫はシャンプーが苦手。慣れることもあまりないにゃん
- ● 長毛種は数カ月に1回、短毛種は汚れたときや換毛期だけで十分だよ

## 🐾 シャンプーの必要性の高い猫

### 長毛種

長毛種は自分で行うグルーミングだけでは不十分で、皮膚病の原因になることもあります。定期的にシャンプーが必要なことも。

### 分泌物の多い猫

被毛のない猫で脂質の分泌の多い猫がいます。濡れたタオルで拭いてあげるだけでも十分ですが、分泌が多い場合はシャンプーをしましょう。

### 換毛期の猫

猫には換毛期があり、その時期になると非常に多くの毛が抜けます。換毛期にシャンプーをすると、抜け毛が洗い流されてさっぱりします。

## シャンプーの苦手ポイント

シャンプーを嫌う、猫なりの理由があります。

### 1 シャワーの音

音に敏感なだけに、いきなりのシャワーの音にはびっくりしてしまいます。

### 2 拘束

もっとも嫌うのは体を拘束されること。段どりよく進めて早く終わらせてあげましょう。

### 3 ドライヤー

音と強い風速に恐怖を感じる猫が多くいます。なるべく猫から離して当てるようにします。

## 用意するもの

バスタオル　猫用シャンプー　温度計　コーム
たらい　ガーゼハンカチ　ドライヤー

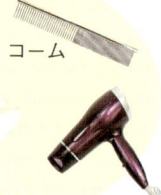

## ウォーミングアップ！

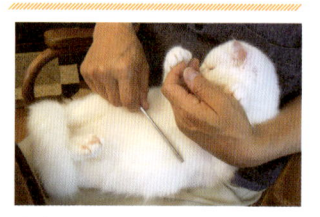

全身をさっとブラッシングして
おきます。

## |||||||||||||||||||||||| Let's care! ||||||||||||||||||||||||

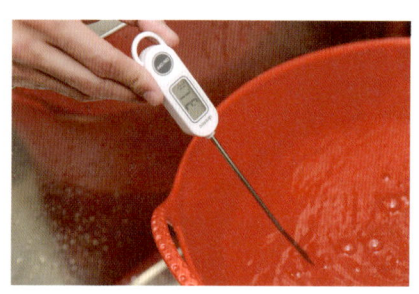

お姉さん、
おてやわらかに

**1** まず、たらいの中に湯と温度計を入れ
ます。35 度程度がベストです。

**2** 猫を抱っこし、おしり側からそっと入れ、
全身に湯を静かにかけます。

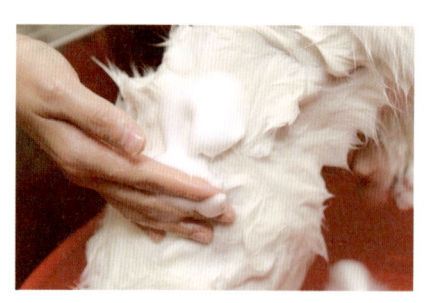

**3** シャンプーを手につけて、湯につかっ
ていない背中とおなかを洗います。

### 猫を安定させるコツ

顔は嫌がるのでぬら
さないようにします。

左手で猫の両前足のつ
け根をしっかり押さえ
ると猫が安定します。

4 たらいの外で、または中の湯を捨てて、湯につかっていた部分を洗います。

前足も後ろ足も、指の間までしっかり洗います。

5 おしり、しっぽ、後ろ足などを洗っていきましょう。

これで全身がきれいに洗えました。次はすすぎです。

お姉さんのシャワー使い、なかなかね

シャワーでシャンプーを洗い流します。ヘッドを体に近づけたほうが、シャワー音が小さく早くすすげます。

シャワーヘッドに指を当てて、水流をやわらげてあげると猫が怖がりません。

Chapter2

❀ シャンプーのやり方

95

# |||||||||||||||||||| Let's care! ||||||||||||||||||||

水もしたたるいいニャンコ

**6** 早く乾かしたいので、足などはなるべく水分を絞ります。

ついでにマッサージもお願いしますね

**7** バスタオルでくるんで体を拭きます。

## ドライヤーの恐怖をとりのぞくコツ

ドライヤーは怖がるので、まず、バスタオルで全身を包みます。

お姉さん、視界が真っ白です

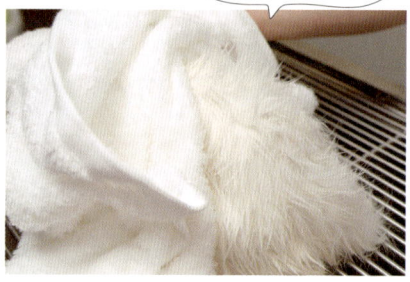

**8** おしりのほうのバスタオルをめくります。

## 早く乾かすコツ

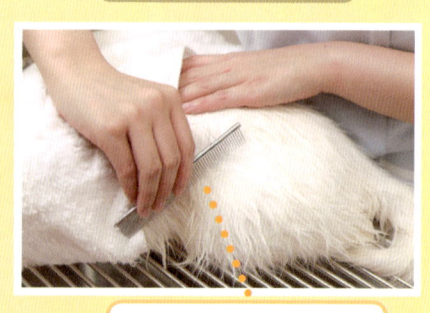

ときどきコームでとかしてあげると、余分な毛がとれて早く乾きます。

何だか、おしりがあたたかい

**9** おしりから背中、おなかの順で乾かしていきます。

||||||||||||||||||||| Let's care! |||||||||||||||||||||||

finish

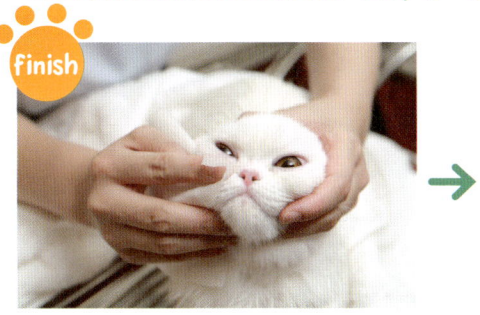

あー、きれいに
なるって大変

**10** 体が乾いたら、ガーゼハンカチをぬる
ま湯で濡らして顔を拭きます。

**11** あごの下もしっかり拭いて、猫座瘡
（→ P.160）も予防しましょう。

## こんなときどうする？

### Q シャンプーを嫌がります‼

シャンプー好きな猫のほうが珍しいです。短毛種ならば一生シャンプーしなくても問題
はありません。どうしても洗いたい場合は下記の方法を試してみてください。

**対策 その1** ドライシャンプーや
シートを使う

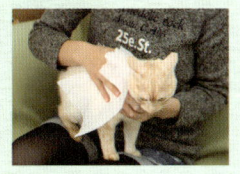

シャワーをかけ
たり湯につけた
りしなくてもい
いので、比較的
抵抗感がありま
せん。

**対策 その2** 汚れたところのみ洗う

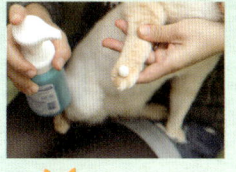

部分的に洗うの
みにとどめます。
猫も全身よりは
ストレスがあり
ません。

**対策 その3** ドライヤーを
布団乾燥機にする

布団乾燥機は音
も静かで風速も
やわらかいので、
ドライヤーより
も猫が怖がらな
いようです。ペッ
ト用乾燥機能が
ついた商品もあ
ります。

ふわもこ字

小さなうちから始めれば
シャンプーに慣れますか？

答えは → ✗

猫の祖先といわれているリビアヤマ
ネコは寒暖差が激しい砂漠に暮らし
ていたので、水に濡れたまま夜にな
ると、体の熱が奪われて死ぬ危険が
ありました。水に濡れると死に直結
するという自己防衛本能が現代の猫
に伝わっているのかもしれません。

# ヘアボールのケア

猫は毛づくろいで飲み込んだ毛を「ヘアボール」として吐き出します。うまく吐けないと、おなかの中に毛がとどまり病気になってしまうことも。ヘアボールのケアは大切です。

猫の言い分

- 毛づくろいはボクたちの本能だから、たくさんの毛を毎日飲み込んでるよ
- まめにブラッシングしてくれれば飲み込む毛の量が減って、うれしいな

## ヘアボールって何？

猫は1日平均3.6時間も毛づくろいをしているといいます。被毛は胃液で消化されないので、飲み込んだ被毛は胃の中にたまって球になっていくか、便として排出されます。この胃の中で球になったものを「ヘアボール」といい、この球は便として排出されないため、口から吐くことになります。

## ヘアボールを吐く頻度は？

ヘアボールを吐く頻度は猫によってさまざまです。一度も吐かずに便として排出できる猫もいます。長毛種の猫のほうが吐く頻度が高くなる傾向にありますが、短毛種の猫も吐きます。いつもの吐く回数よりも頻度が減ったときには、消化管の中で詰まっている危険性もあるので注意しましょう。

### ふわもこ学　毛球症に注意！

ヘアボールが消化管の中に詰まり、吐くことも排便することもできなくなった状態を毛球症といいます。皮膚病、ストレスや不安などによる脱毛症の場合も、大量に被毛を飲み込んでしまい、毛球症になる場合があります。ヘアボールを頻繁に吐いている猫で、以下の症状がひとつでも該当したらすぐに病院に行きましょう。

- ☐ 吐こうとしても吐けない様子
- ☐ 体重が減った
- ☐ 便秘が続いている
- ☐ 食欲がない

# IIIIIIIIIIIIIIIIIIII **Let's care!** IIIIIIIIIIIIIIIIIIIII

## 1 ヘアボール対策用フードに替える

パッケージに「ヘアボールコントロール」または「毛玉ケア」と書かれているものを選びます。フードのなかの食物繊維を増やすことで消化管の動きを促し、便と一緒に排出しやすくしたものです。

## 2 ブラッシングを毎日行う

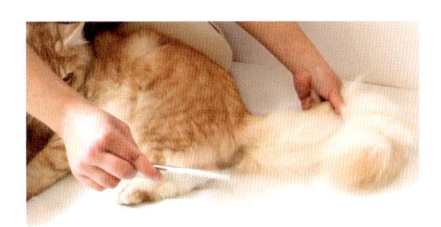

ブラッシングをまめに行うことで、抜け毛を排除し、猫が毛づくろいをする際に、被毛を飲み込む量を減らすことができます。飲み込む量が減れば、消化管の中で毛玉が詰まる危険性も減ります。

## 3 水分量を増やす

ウェットフードのほうがドライフードよりも胃や腸の中を進む速度が速いといわれています。つまり、水分量が多いほど、胃の中の食物の排出が早くなり、毛玉を早く体外に出すことができます。

## 4 猫草を食べさせる

胃が刺激されて、嘔吐しやすくなり毛玉を吐くことができます。また猫草の食物繊維質が便通をよくし、毛玉の排泄を促してくれます。猫は、不思議と猫草を食べたがるので、部屋の片隅などに置いてみてください。

---

**ニャンとも情報局**

### 便利な猫草栽培セット

袋を開けて水をそそぐだけで、自然と猫草が生えてきます。粉砕パルプを使用しているので、砂が散らかることもありません。／無印良品

**1日目**
水250mℓをそそぎます。表面が乾いたら霧吹きで湿らせます。

**7日目**
葉が出てきました。霧吹きでときどき水をかけます。

**14日目**
食べごろに。食べ終わったら可燃ゴミとして捨てます。

※季節、日当たり、環境によって生長には違いがあります。

# 季節ごとのケア

春夏秋冬の移ろいのある日本なので、季節に合わせたケアが猫にも必要です。暑さが苦手な猫種、寒さが苦手な猫種などそれぞれですが、基本的に気をつけたいことを紹介します。

Ⓐ

## 春

### 換毛期のブラッシング

3月ごろから春の換毛期が始まります。まめにブラッシングをして毛球症予防を。

### 窓の開け放しに注意

季節がよくなりついつい窓を開けたくなります。猫が飛び出さないように防御しましょう。また外からの騒音は猫のストレスにもなります。

### 毒のある花や草に注意

入学・卒業など人生の節目の時期です。花束をいただいたら、なかの花に注意（→ P.169）して、猫に害のあるものは、届かない場所にいけましょう。

### 恋の季節

季語にもなっている「猫の恋」。避妊や去勢をしていない猫で、妊娠を望まない場合は注意しましょう。

### 腸内寄生虫がわく時期

外を行き来している猫は、下痢などの症状に気をつけ、まめに検診を行い早期発見・早期治療を心がけます。環境はいつも清潔にし、飼い主もほかの犬猫に触ったときはしっかり手洗いをしましょう。

## 夏

### フードの管理

暑いのでフードの管理に注意が必要です。食べ終わったあとの器も早めに回収して洗うようにしましょう。

### エアコンによる冷えに注意

猫は人よりも暑さに強く、人が快適に感じる室温よりも2〜3度高めで大丈夫です。人が快適な室温は猫にとっては冷えすぎの場合もあるので注意しましょう。

### 締め切った狭い部屋に注意

締め切った狭い部屋は、日中、日が当たり続けるとエアコンをつけていたとしても、室温が上がってしまい熱中症になりやすくなります。隣の部屋にも行き来できるようにするなど、不快な場所からの逃げ道も準備してあげましょう。

### 水分補給と水の管理

昼間留守にする方は、自動的に新鮮な水が出てくる給水器などにするとよいでしょう。水がおいしければ水分補給もしっかりしてくれます。

### ノミなどの寄生虫や腸内寄生虫

ノミの繁殖がピークを迎える時期です。万一、ノミを発見したら、ノミとり薬などで早めの駆除を。

猫の言い分

- 夏は毛皮を着ているから暑いし、冬はコタツで丸くなりたい。温度管理が大切!
- 家の中で過ごす場所が限られているんだ
- 季節に合わせて、快適に過ごせるように、注意してくれるとうれしいな

## 秋

### 食欲増進に注意

人と同様に、暑苦しい夏が終わると猫も食欲が増してきます。与えたいだけ与えてしまうと肥満になってしまうこともあるので、注意しましょう。

### 気温の寒暖差に注意

一日のなかでも寒暖差がある日が多くなります。天気に注意しながら、上手に室温を調節しましょう。

### 窓の開け放しに注意

季節がよくなり窓を開け放したくなります。猫の飛び出し対策をしましょう。また外からの騒音にも注意。

### 換毛期のブラッシング

11月ごろから冬毛に換わります。ブラッシングを頻繁に。

Ⓐ

## 冬

### 石油ストーブによるやけどに注意

石油ストーブの前を陣取って被毛を焦がしたり、熱風に当たりすぎて皮膚に炎症をおこしたりすることがあります。柵をするなど猫が直接器具に触れることができないように対策を。

### 感電に注意

こたつやホットカーペットなどの電化製品が増えます。コードをかじらないように工夫しましょう。

### 水分摂取量の減少

水分の摂取量が減って尿結石ができやすい季節です。新鮮でおいしい水がいつもある環境を心がけましょう。

### 運動不足による肥満

こたつの中やホットカーペットの上に丸くなって寝て過ごしがちに。猫じゃらしなどで運動させましょう。

### 猫風邪に注意

空気が乾燥しているので、ウイルスによる猫風邪にかかりやすくなります。子猫、高齢猫はとくに注意しましょう。

# 🐾 夏の暑さ対策

長毛種はもちろんのこと、被毛のある猫にとって蒸し暑い日本の夏は暮らしづらいもの。少しでも愛猫が過ごしやすいように工夫をしてあげましょう。

## 温度設定は少し高めに

人が快適だと思う室温よりも、夏は少し高めの28度前後が猫にはちょうどいいといわれています。冷やしすぎに気をつけましょう。

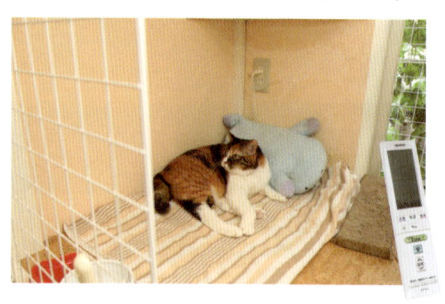

## エアコンのない部屋も開放

エアコンが効いている部屋とエアコンがついていない部屋を自由に行き来できるようにすると、猫が自分で快適な場所を選べます。

## クール用品を利用する

暑さのあまり、熱中症になると大変です。保冷剤やクールベッドなどを利用してもよいでしょう。

クール角型ベッドMサイズ、ひんやりアイスマット専用保冷剤／ともに©

## 水を多めに用意する

猫も夏は水を飲む量が増えます。水を置く場所を増やし、新鮮な水を多くとれるように工夫しましょう。

セラミックファウンテン／Ⓔ

---

**暑い** ← **28度以上**
かなり暑い

ひんやりした場所で、全身脱力し仰向け寝、またはうつぶせ寝

**25〜28度前後**
やや暑い

ひんやりした場所で横寝。足はだらんとしている

# 冬の寒さ対策

短毛種や子猫、高齢猫にとって寒さは大敵です。ぐっすり眠るためにも、ほどよいあたたかさのベッドを用意するなど、寒さ対策を考えましょう。

## 温度設定は少し低めに

冬の猫の快適温度は 20 度ほど。老猫で 23 度ぐらいです。加湿器を置き、湿度は 50 〜 60％をめどにしましょう。

パナソニック FE-KXM05-W 気化式加湿器 / ①

## あたためるなら背中よりおなか

内臓のあるおなかの部分があたたまると、猫は安心して眠ります。あたたかい素材のベッドを用意してあげましょう。

抗菌防臭ふんわり保温ベッド / ⑩

## あたたかい場所にベッドを置く

寒いと猫はなかなか熟睡できません。昼間は日当たりのよい場所に、夜もあたたかさを保てる場所にベッドを置いてあげましょう。

## 留守番のとき、部分暖房は off に

猫に長時間留守番をさせるときは部分暖房はオフにし、エアコンなどの安全な暖房だけにしましょう。

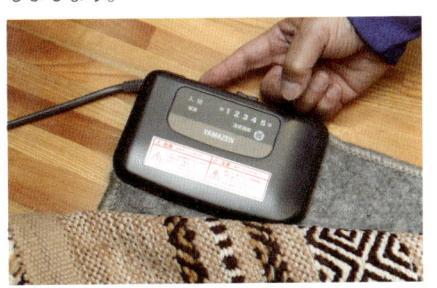

---

**18 〜 25 度**
快適
好きな場所で好きなポーズで寝る

**15 〜 18 度**
やや寒い
あたたかい布の上などで、足を収納して寝る

**15 度以下** ➡ 寒い
かなり寒い
あたたかい布の上などで、体を丸くして寝る

# 猫にお留守番をしてもらう

猫は集団で生きる習性はないので、留守番は比較的苦手ではありません。性格によって得意・不得意はありますが、2日以内でしたら、環境の変わらない自宅での留守番がおすすめです。

猫の言い分

留守番が得意なわけじゃないよ〜。きちんと留守番できる用意をしていってくれたら、2日ぐらいはがんばるけど。早く帰ってきてね！

## 猫は留守番が得意？

犬はリーダーの下、集団で暮らす習性があるので、留守番は苦手です。それに対して猫は独立心があり、集団で暮らすという習性はないので、比較的留守番は得意です。2日以内なら、部屋の中で眠ったり、遊んだりしながら留守番をします。

## 2日以上の長期なら

2日以上の長期にわたる場合は、知人やペットシッターにカギを渡して来てもらったり、動物病院やペットホテルに預けたりするなど、手立てを考えましょう。ペットシッターやホテルにまかせる場合は、事前の見学や打ち合わせが必要です。

## 何日までなら大丈夫か

自動給餌器を置き、水飲み場を準備しても、2日が限度と考えましょう。数カ所用意してもトイレが汚れて猫が嫌がる可能性もありますし、何らかのトラブルがおきる可能性もあります。自宅での留守番があまり長くなると、猫の不安が続いて心身に悪い影響を及ぼす恐れもあります。

### ふわもこ学　猫の分離不安

飼い主との結びつきが強く、飼い主がそばにいないと不安になる猫がいます。これを「分離不安」といいます。不安になって鳴き続けたり、物を壊すなど病的な行動に出ることも。日ごろから少しずつ飼い主のいない状態にも慣らしておきましょう。

# 1泊2日のお留守番のために準備したいこと

2日といえども、猫が快適に過ごせるように準備をしておきましょう。

## 留守番の日数＋1食分を用意

フードは日数プラス1食分は多めに用意しましょう。セットした時間にフタが開くタイマーつきの食事ケースや自動的にフードを出してくれる自動給餌器なども便利です。腐るといけないのでドライフードにしましょう。

NEW ビストロブラック / Ⓔ

## 自動給水器または、複数の水飲み場

水飲み場は、いつもの場所以外に数カ所用意しておくと、こぼしてしまったときなどに安心です。また自動給水器もおすすめです。

セラミックファウンテンビッグ / Ⓔ

## 予備のトイレを用意

猫はきれい好き。汚れたトイレでは用を足しません。留守にするときはいつものトイレのほかに、予備のトイレを用意すると猫も安心です。

おでかけ猫トイレ OCT-390/ Ⓒ

## 安全の環境作り

留守中の環境作りが大切です。危ないキッチンや風呂場には侵入しないように対策を。そのほか下記の項目をチェックしましょう。

## 出かける前にチェック

Check!

- ☐ 電気のコードはコンセントから抜いておく
- ☐ 生ゴミはフタつきのものに入れる
- ☐ 包丁はまとめて引き出しにしまう
- ☐ お風呂の水は抜いておく
- ☐ いくつかの部屋を行き来している場合、ドアストッパーを使いひとつの部屋に閉じ込められないようにする
- ☐ 夏場は、エアコンが効いた部屋とエアコンなしの部屋を開放する

- ☐ 冬場は毛布や布団を用意し、猫が自分で体温を保てるようにする
- ☐ 高い場所に置いてあるものは片づけておく
- ☐ 小さなもの、壊れやすいおもちゃなどはしまっておく
- ☐ 入ってほしくない部屋にはカギをかけておく
- ☐ 危険なもの、猫が興味をもちそうなものはしまっておく

# 留守番中の猫を
# ネットで確認

留守番をしている愛猫が何をして過ごしているのか、気になりますよね。そんな思いをかなえてくれるのがネットワークカメラです。外出先からスマートフォンやパソコンを使い、ウェブカメラがとらえた猫の様子を確認できます。

##  ネットワークカメラの選び方のポイント

 **専用アプリがついているか**

大抵のネットワークカメラには iPhone や Android に対応した専用アプリがついていますが、低価格のカメラにはついていないものもあります。その場合は自分で設定しなければならず、初心者には大変です。アプリのついているものを選びましょう。

**レンズは固定式か可動式か**

「パン・チルト」と書かれているカメラは首が可動します。価格は高めですが、カメラを上下左右に動かせるので便利です。

 **無線LANに対応しているか**

無線 LAN 接続に対応していないものは、カメラとルータをケーブルでつなぐ必要があります。無線 LAN 対応式がおすすめです。

### パウボ

ペットのために作られた多機能をもつ留守番カメラです。自宅に Wi-Fi 環境が整っていれば、外出先からスマートフォンやタブレットで猫の様子をリアルタイムで見守ることができます。/ Ⓔ

### ポチカメ

外出先からスマホ・タブレットやパソコンで留守番の様子を確認できます。また、パン・チルト（首ふり）機能で外出先からカメラを上下左右に動かすことができます。/ Ⓙ

# iPad の無料アプリを利用してみよう！

日中に使わない iPad があれば、ネットワークカメラとして利用できます。用意するのはスマートフォン、撮影用のカメラにする iPad の 2 つ。カメラに使う端末は Wi-Fi に接続し、アプリはカメラ側にインストールします。

**1** 「Manything」をインストール

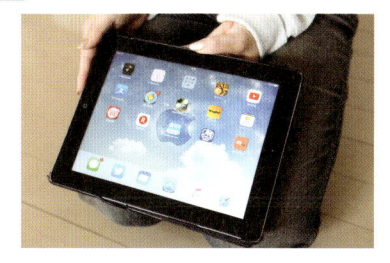

アップルストアで「Manything」を検索し、インストールします。

**2** 起動する

起動し、「Register」をタップしてアカウントを作成します。

**3** 設置する

「Camera」をタップし、画面がカメラになったら録画ボタンを押して設置します。

Point

猫は日中、だいたい同じ場所で過ごしています。猫が好みそうな場所をねらいましょう。

**4** スマートフォンで見る

スマートフォンにも同様にアプリをダウロード。ログイン後「Viewer」をタップします。

**5** 楽しむ

動きがあるとメールが届いたり、動画を保存したり、さまざまな機能を楽しめます。

# ペットシッターに依頼する

出張、旅行、体調を崩して猫の世話ができない！というときは困ってしまいますね。新しい環境にストレスを感じてしまう猫にはペットシッターがいいでしょう。

## ペットシッター依頼の流れ

### 探す

ペットシッター会社はほとんどが地域を限定しています。住所地に派遣してもらえるシッター会社をまずはネット検索などで探します。動物病院やペットショップなどから紹介してもらえることもあります。

### 申し込む

初めての場合は慎重な対応が必要です。どのような世話をしてくれるのか、「動物取扱業」の登録をしているか確認しましょう。保険や保証などについてもきちんと確認してから申し込むほうが安心です。

### 打ち合わせをする

事前の打ち合わせが必ずあり、飼い主、シッター、猫の三者で行います。そこで猫との相性、シッターの身分証明書、人柄の確認を行います。さらに、お願いしたいお世話の内容や注意点を伝えましょう。

### シッティングスタート

当日は猫も緊張します。猫とシッターの相性が合うと猫も快適に留守番ができます。

### 報告を受ける

シッター開始から最終日まで、お世話の詳細、猫の様子、健康状態、排泄などを記した報告書が作られ、飼い主に提出されます。

### 一般的なシッティングの内容

まずは猫にあいさつする。

トイレの掃除と砂を替える。

食事を提供する。

おもちゃなどで猫と遊ぶ。

### そのほかのサービス

留守中に猫の具合が悪くなった場合はかかりつけの動物病院に連れていってもらうこともできます。事前に、病院の連絡先を伝えておきましょう。

# ペットホテルに預ける

猫専用の高級ホテルもできるなど、ペットホテル事情も様変わりしています。愛猫の性格に合ったホテルを見つけましょう。動物病院に併設されたホテルもあります。

## ペットホテル依頼の流れ

### 探す

初めての場所で飼い主さんと離れて過ごすことは、猫にとっては大変なストレス。猫の性格などを考慮して、納得のいくペットホテルを探しましょう。

### 見学する

さまざまな形態のホテルがあります。実際に見学し、スタッフの対応は適切か、居住環境は清潔かなどを確認しましょう。猫専用のホテル、動物病院で経営しているホテルも増えています。

### 申し込む

申し込む際には、愛猫の食事の量や時間、トイレの好み、健康状態、ワクチン接種の有無などを伝えます。ワクチン接種の証明書の提示を求められる場合もあります。

### 滞在スタート

見知らぬ場所に連れてこられ、飼い主さんと離ればなれになった猫は不安がいっぱいです。

### 報告を受ける

預けている間の猫の様子、日々のケア、排泄、健康状態などの報告書がもらえます。

### 一般的な滞在の流れ

初めての部屋を慣れるまで探索。

いつものフードをいつもの時間に与えてもらう。

愛用の砂の入ったトイレで用足し。
※ストレスからトイレを我慢してしまう猫もいるので、スタッフにしっかり見守ってもらいましょう。

いつものおもちゃで遊んでもらう。

### 動物病院が運営するホテル

万一、体調が崩れたときなどは、すぐに対応してもらえるので安心です。

動物病院でも広めの個室を設備しているところもあります。／トーキョーキャットスペシャリスト

# こんなときどうする？

## Q 猫と長距離旅行するときの注意点は？

引っ越しや転勤などでやむなく長距離の移動になる場合は下記の点に注意しましょう。

 **飛行機で移動する場合**

- 海外の場合は入国に必要な書類をそろえる。
- 入国に必要なワクチン接種(狂犬病ワクチンなど)を早めに済ませる。
- 航空会社に客室に入れるか貨物室預かりになるか確認する。また搭乗できない猫種もあるので確認。
- 航空会社にキャリーのサイズを確認し、丈夫なハードタイプを準備する。
- 直行便を選び、繁忙期は避ける。また、夏は暑すぎる日、冬は寒すぎる日も避ける。
- 肥満は熱中症リスクを高めるため適正体重を維持しておく。
- 到着後はできるだけ早くお迎えに行く。

 **車で移動する場合**

- 1カ月前から車に乗る練習をする。酔う猫の場合は獣医に相談する。
- 運転中はキャリーから出さない。
- キャリーをシートベルトで固定する。
- トイレ休憩の間は猫だけにしない。
- 急発進・急停車は避ける。
- 音楽はボリュームを控えめにする。
- 猫が過ごしやすい室内温度を保つ。

 **共通**

- 健康診断を受けマイクロチップを接種する。首輪にも名前と連絡先をつける。
- 病気で通院している場合は紹介状を書いてもらう。
- 出発の1カ月前からキャリーに慣れさせる。
- 出発前にブラッシングと爪切りを行う。
- 出発の3〜4時間前には食事を終わらせる。
- お気に入りのおもちゃ、ペットシーツ、水飲み皿、おやつ(乗り物酔いしなければ)、ブランケット、保冷剤(夏場)などを持ち込む。

# 猫と仲よくなる

寂しがりやで甘えん坊、自立心が強くわが道を行くタイプなど、猫の性格はいろいろです。しかしどんな猫でも、たくさんスキンシップをとってくれて、しっかり面倒を見てくれる人が大好きです。猫の性格を見極めながら今よりもっと仲よしになりましょう。

# 猫とスキンシップ をとる

スキンシップはコミュニケーションのひとつ。お互いに信頼関係を結ぶきっかけになると同時に、毎日触れることで病気などの異変に気づくことができます。

**猫の言い分**

リラックスしていて機嫌のいいときなら、触ってもいいよ。でも食事中やひとりで気持ちよくもづくろいしているときはやめてね。無理強いは嫌い！

## 子猫時代から たくさん触ってあげて！

子猫は飼い主を母猫だと考えています。母猫が子猫の毛づくろいをするように、ゆっくりとやさしく体をなで、マッサージをしてあげましょう。子猫は安心して飼い主に身をまかせます。そうやって子猫のころから慣れていれば、成猫になってもスキンシップが大好きになるはずです。

**ふわもこ学 — 猫界に「抱っこ」はない**

猫は子育てのときに子猫を抱っこしません。親に抱かれたことはないので、抱っこが気持ちいいこととは思えないようです。猫を抱っこ好きにするには、抱っこされると気持ちがいいと猫にインプットしていくことです。時間をかけて、抱っこ好きの猫にしましょう。

## 抱っこ好きの 猫になってもらうコツ

### 子猫のうちからたくさん体を触る

子猫のうちにたくさん体を触っておくと、抱っこへの抵抗感が少なくなります。成猫から飼う人も、体に触れることから気長に始めましょう。

### 抱っこをしたら、顔を中心にマッサージ

抱っこをしたらとくに触られて気持ちのよい顔まわりをマッサージをして、「抱っこ」＝「気持ちいい」という感覚を植えつけます。

### 無理強いは禁物

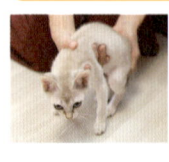

猫が抱っこから解放されようとしたら、抱き上げた直後でもすぐに離してあげましょう。無理やり続けると、抱っこ嫌いになってしまいます。

## 子猫を抱っこする

初めて猫を飼う人にとって、小さな子猫を抱っこするのは緊張の瞬間です。抱き上げ方から固定の仕方、下ろし方までの一連の動作を学んでおきましょう。

Point

ピタッ！

**1** 片手を前足のつけ根に入れ、片手でおしりを持って持ち上げます。

**2** ピタッと自分の体にくっつけて体を固定してあげると猫が安心します。

気持ちいいニャ

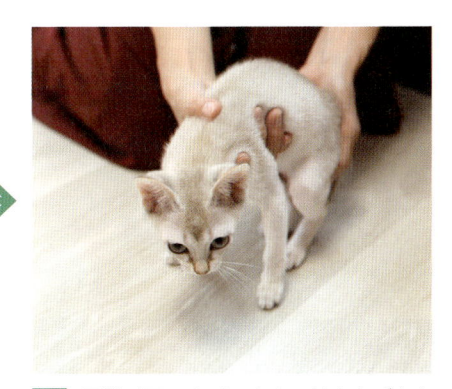

**3** 猫が安心したら、顔まわりをマッサージしてさらにリラックスさせます。

**4** 子猫が下りたがったら、持ち上げたときと同様に、両手で持って足の先から静かに下ろします。

### OK このタイミングで抱っこすると◎

・好きな場所でリラックスしているとき
・ゴロゴロとのどを鳴らしながら猫が甘えてきたとき

### NG このタイミングで抱っこすると×

・食後、グルーミングをしているとき
・おなかがすいているとき
・排泄の直後

Chapter3

❀ 猫とスキンシップをとる

## 成猫を抱っこする

抱っこに慣れていない成猫も、タイミングとやり方次第で嫌がらないように抱っこすることができます。基本は子猫と一緒です。

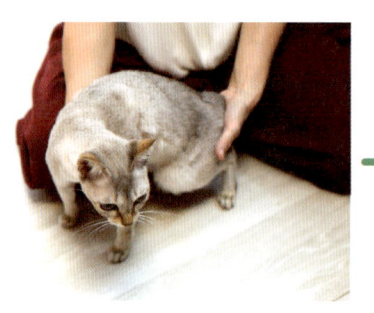

**1** 片手で前足のつけ根に手を入れ、片手でおしりをしっかり持ちます。

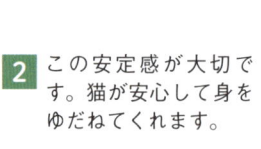

**2** この安定感が大切です。猫が安心して身をゆだねてくれます。

**Point**

ピタッ！

片手でしっかり猫の肩を包む

片手でおしりから後ろ足をしっかり包んで安定させる

### 🐾 立って抱っこをする場合

**1** 上と同様にして猫を持ち上げ、体の中心に当てます。

**2** 猫の体をピタッと引き寄せて安定させます。座って抱っこするよりも不安定になりがちなので、上半身・下半身をそれぞれの手のひらでしっかり包み込みます。

**Point**

ピタッ！

しっかり上半身を包みます

下半身も手のひら全体を使って安定させましょう

## 横抱きする

猫によってはタテ抱っこを嫌がり、横抱っこなら大丈夫なこともあります。マンチカンやメインクーンは横抱っこを好む傾向があります。

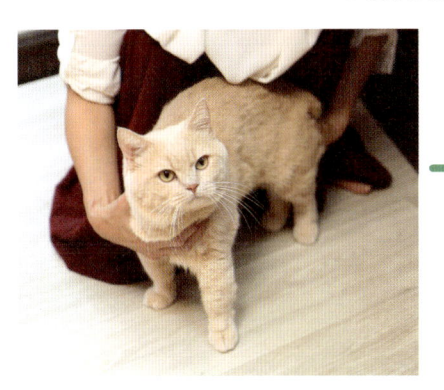

ピタッ！

手のひらで体をしっかり包む

**1** マンチカンを横抱きします。前足の下に手を入れるよりも、前足の前から胸のあたりを包むほうが安定します。

**2** ひざの上に乗せて、体を引き寄せてしっかり安定させます。

### これはNG 🐾

**両手で前足だけを持って持ち上げる！**

コワイよー

後ろ足が宙に浮いた状態になり、猫は不安でいっぱいになります。

**上のほうから突然、手を離す！**

なにするニャ！

下ろすときに上のほうから手を離すとケガをしてしまうこともあります。

**胸を抱きかかえる**

ちょっとー

成猫も足元が宙に浮いている状態は不安になります。

## 抱っこしながらマッサージする

抱っこに成功したら、「もう離したくない！」というのが飼い主の思い。マッサージというごほうびを与えながら、少しでも長く愛猫の感触を味わいましょう。

### ● あごまわり

グリグリ

顔の輪郭に沿ってあごの骨をグリグリします。ついでに首まわりに手をずらしてグリグリしましょう。

### ● 口角

プッシュ

口角を左右の指でプッシュ。この口角から耳のつけ根まで少しずつ指をずらしながら顔をプッシュしていってもOK です。

### ● 耳のつけ根

うっとり

耳のつけ根のまわりをマッサージします。耳先も気持ちのよい部分なので触ってみても。

### ● 目の上

たまらん！

目の上の骨とあごをはさんで指圧。少しずつ左右にずらしていってもいいでしょう。

## Memo

### 猫が触れられて気持ちのいい場所を探そう！

猫が触れられて気持ちのいい場所を知っておくと、早く仲よしになれます。ポイントは猫が自分でグルーミングできない場所、顔や耳、耳の後ろや頭の後ろ、首まわりなどです。

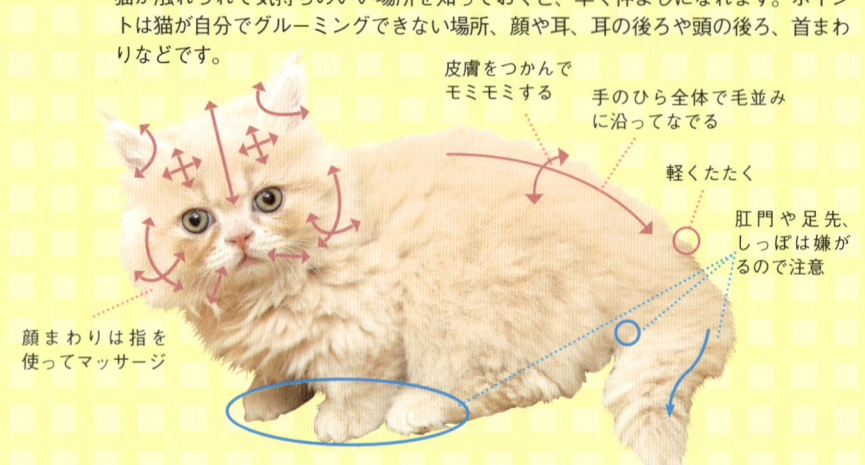

皮膚をつかんでモミモミする

手のひら全体で毛並みに沿ってなでる

軽くたたく

肛門や足先、しっぽは嫌がるので注意

顔まわりは指を使ってマッサージ

●ほっぺ　ビョーン

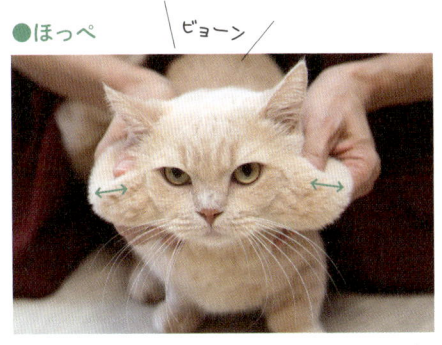

両手でほっぺをつかんで左右にピックアップ。
顔の気持ちのいい部分が刺激されます。

### ●のどと背中の合わせ技

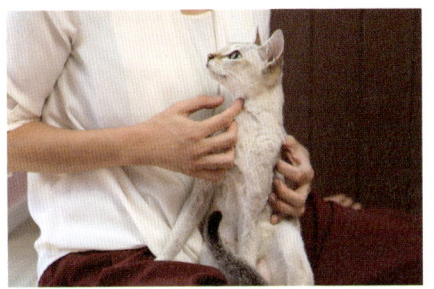

のどをマッサージしながら、背中も指でク
チュクチュさすります。

### ●背中

毛並みに沿ってやさしくマッサージします。
ブラッシングするときも、この部分は気持
ちよいようです。

●のど

タテ抱き
してから

横抱き
してから

もっとも気持ちのいい場所なので、抱っこ
しながら指でクチャクチュしたり、毛の方
向に沿ってマッサージしたりします。

### ●しっぽのつけ根

なでたり、指でトントンするのも効果的。
嫌がる猫もいます。

# 猫と遊ぶ

たくさん遊んであげることが猫の体力づくりにつながります。とくに、成猫は運動不足も解消できるので健康維持に欠かせません。

猫の言い分

- ● ボクがその気になったときにしっかり遊んでね。でも、すぐに疲れるから15分が限界
- ● あと、飽きっぽいから、たまには新しいおもちゃを買ってきて！

## 遊びで運動不足解消！

猫は遊んでもらうのが好きです。とくに子猫は一緒に遊んでもらうと張り切ります。成猫になると眠っていることのほうが多くなり、運動不足になりがちです。積極的に遊びに誘って、肥満を予防しましょう。

## 獲物を連想するものを

猫によって狩猟本能をくすぐるツボがあります。ネズミのように素早く縦横無尽に動くもの、ヘビのようににょろにょろと動くもの、鳥のように高く飛ぶものなど、それぞれ目の前で動かしてみましょう。

ネズミを連想→
ボール系

ヘビを連想→
ヘビじゃらし系

鳥を連想→
猫じゃらし系

Ⓚ

Ⓚ

### 遊びのポイント

#### 1回15分まで

猫は遊びが大好きですが、集中力が続かず、飽きっぽいところがあります。1回の遊びは15分まで。1日に2～3回行えるとベストです。

#### 人の手や指は使わない

猫は、動いているものをひっかき、かみついてしまう狩猟本能があります。人の手や指をおもちゃと認識するとかみグセがついてしまいます。

#### 最後は捕獲させる

猫はハンターなのでおもちゃを獲物に見立てて遊びます。最後に獲物を捕獲させて、満足感を与えると喜びます。

#### 飽きたらおもちゃを替える

猫じゃらしに飽きたら、転がるボールに替えるなど、バリエーション豊かに遊びましょう。

## ボール系で遊ぶ

### 目の前で転がす

目の前に転がすと動くものに興味を示し始めます。

### もう一度転がす

追いかけて、においをかいだりします。

### もう一度転がす

次第に自分の前足でけっては追いかけるようになります。

## ヘビじゃらし系で遊ぶ

### 目の前で動かす

ヘビのように動くものに興味を示し始めます。

### 激しく動かす

夢中になってつかまえようとします。

### 最後は捕獲させる

しっかり遊んだら最後は捕獲させて満足させます。

## 猫じゃらし系で遊ぶ

### 目の前にちらつかせる

目の前にちらつかせ興味をひきつけます。

### 手を出してきても捕獲させない

この時点ではまだ捕獲させません。

### 横に振って追いかけさせる

猫は何とかつかまえようとして、動き始めます。

### タテに振ってジャンプさせる

羽根の動きに合わせてジャンプを始めます。

### しっかりジャンプさせる

上下運動が好きな猫には、大ジャンプをさせてみましょう。

### 最後は捕獲させる

疲れた様子を見せ始めたら、捕獲させて満足してもらいます。

写真提供／Ⓚ

## すぐに作ってすぐに遊べる

# 猫が喜ぶ
# おもちゃを作ろう！

遊ぶのが大好き、でもすぐにおもちゃに飽きちゃう……。そんな猫のために、家の中にあるものを利用して、短時間で作れるおもちゃをご紹介します。猫が遊びたい様子を見せたら、ササッと作って遊びましょう。

## キラキラミトン＆スリッパ

キラキラシャカシャカするので、猫の目が釘づけになります。スリッパに飛びかかられたら足を抜いても。スリッパごと抱え込んで猫キックしますよ！

### 材料

デコレーションモール 15～20㎝
両面テープ、ミトン、スリッパ

### 作り方

1 モールを輪にする。

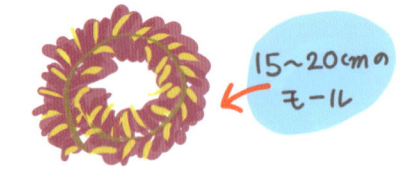

15～20㎝の
モール

2 ミトン、スリッパに両面テープで貼りつける。

## ゴムひもタッセル

ゴムひもをひっぱったりするとビヨンビヨンと予想外の動きをします。猫ウケ抜群のおもちゃです。

### 材料

ゴムひも　30〜50㎝
※写真はリボンのついたものを使用していますが、一般的なゴムひもでも可。
毛糸　適量、ボール紙　20×5㎝程度　1枚

ゴムなので動きがおもしろいヨ！

ビョン！

### 作り方

1. タッセルを作ります。ボール紙に毛糸を20回くらい巻きつけます。

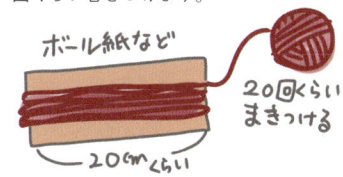
ボール紙など　20回くらいまきつける　20㎝くらい

2. 巻きつけた毛糸をボール紙からはずし、中心を別の毛糸でしっかりしばり2つ折りにします。しばった毛糸は切らないでおきます。

←糸を残しておく

3. 2のしばった位置から1㎝程度下のところで、さらに別の糸でしばり、首を作ります。

4. 下の輪になっているところをはさみで切ります。

切る

5. 2で余らせておいた毛糸とゴムひもの端を結びつければ完成です。

結ぶ　ゴム

## アルミホイルボール

ちょっと触るだけでいい感じで動き、おもちゃのボールのように転がりすぎないのがポイント。猫は夢中になって追いかけてカミカミ、ガシガシします。

夢中！

### 材料

お弁当用などのカラフルなアルミホイル　15〜20㎝

### 作り方

アルミホイルをしっかり丸めるだけです。

# 困った行動を セーブする

困った行動とは、ほとんどが飼い主にとって困ったと感じる猫の習性です。猫には罪のないことなので、しかる、大声を出すなどはタブーです。猫に嫌われないように工夫してみましょう。

猫の言い分

大きな声を出されるとびっくりするよ。ダメと言われても何のことかわからない。かわいいボクの何がダメなのかな？

## 猫をしかっても逆効果

問題行動だと思うのは飼い主側の考えで、猫にとっては普通の行動です。しかられても意味がわかりません。猫の行動を飼い主がどのくらい許容できるかにかかっています。それでもどうしてもやめてほしいときは、「それをすると嫌なことがおこる」と猫が思うように仕向けるといいでしょう。

### ふわもこ学　猫と犬の違い

犬は悪いことをしたらしかり、ちゃんとできたらほめることでしつけができます。一方、猫は気ままに自由に暮らす生き物なので、しかったり、大声を出したりするのは逆効果。飼い主を嫌いになり心を閉ざしてしまうことがあるので気をつけましょう。

## 絶対にやめたい しかり方

### 体罰

猫も痛いのは嫌なので、その行動はやめるかもしれませんが、たたいた人を嫌いになります。

### 大声を出す

大声を出す人も嫌いです。飼い主に対して心を閉ざしてしまうかもしれません。

### キャリーに 閉じ込める

キャリー嫌いになり、病院に行くことも罰の延長だと思ってしまいます。

## 困った！ときの対応策

猫が困った行動をしたとき、こんな対応はいかがでしょうか。猫の性格や行動様式に合わせて上手に工夫をしてみてください。

| 困った！ | 対応策 |
|---|---|
| ### 食事中にテーブルに乗る<br><br>人が食事中のテーブルは、いいにおいがするし猫は興味津々。しかし、猫が食べると体によくないものばかりですし、料理にも被毛が落ちて不衛生になります。 | ### 霧吹きで水をかける<br><br>シュッと霧吹きで水をかけましょう。猫は濡れるのが嫌いなので、「テーブルに近づくと冷たい水が飛んでくる」とインプットさせます。 |
| ### クローゼットの中に入り込む<br><br>クローゼットの中は暗くて狭くて、大好きな穴倉そのものです。しかし知らないうちに閉じ込められてしまう危険もあるので、ダメな場所と認識してもらうことが大切です。 | ### 芳香剤を吊るしたり、<br>柑橘系のにおいをつける<br><br>猫の嫌いなレモンやみかん、グレープフルーツなど柑橘系のにおいをつけておきましょう。忌避剤なども販売されています。 |
| ### 隙間にもぐり込む<br><br>ベッドの下や家具の隙間など、猫は自分の顔が入るところならばどこにでももぐりこみます。掃除が行き届かないところに入り込んで全身ほこりまみれになってしまうことも！ | ### 侵入防止ネットを置く<br>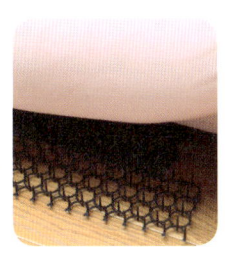<br>ペット用の侵入防止ネットを置いてみましょう。肉球が傷つきそうな場所に猫は絶対に行きません。 |

| 困った！ | 対応策 |
|---|---|

### クッションや枕をかじる

猫にとっては遊び気分でクッションや枕などをかじることがあります。ストレスからくる行動の場合もあります。

### 大きな音を出す

両手を合わせてパンッと大きな音を出しましょう。いわゆる「猫だまし」の手法です。猫が何の音かびっくりしている間に、クッションや枕を片づけます。

### ゴミ箱をあさる

嗅覚の発達した猫に、キッチンのゴミ箱をあさるなというのは無理というものです。

### 高さがありフタのあるものに替える

中が見えないように高さがあり、においがもれないようにフタがきっちり閉まるものに替えましょう。

### カーテンに登る

猫は高いところが大好き。本棚やタンスの上、カーテンまでも駆け上ります。上下運動がしたいのです。カーテンに爪がひっかかって、とれなくなると危険です。

### カーテンの前にキャットタワーを設置

カーテンの前にキャットタワーを設置しておけば、上下運動したいときに登りやすいタワーのほうに登るようになります。

| 困った！ | 対応策 |
|---|---|

### ごはんをおねだりする

時間を決めて食事をあげているのに、時間外にごはんをおねだりする猫もいます。要求を聞いていると、肥満になってしまう恐れも。

### 無視する

無視しましょう。それが猫の健康のため、体重維持のためです。一度、与えてしまうと、その行為をすればごはんがもらえるものと思ってしまいます。

### 夜中に走り回る

猫はもともと夜行性ですから、夜になると元気になります。とくに多頭飼いをしている場合は、にぎやかな深夜の追いかけっこが始まってしまうこともあります。

### 寝る前にたっぷり遊ぶ

元気が余っているようでしたら、寝る前に一緒にたっぷり遊んであげましょう。運動不足もストレスも解消して、ぐっすり寝てもらえます。

### かみぐせがある

子猫は甘がみの加減がわからないので、無心に遊んでいるときに飼い主を強くかんでしまうことがあります。

### かまれるたびに「痛い！」と言う

かむと大きな声が返ってくることがわかれば、強くかまないようになります。兄妹がいたり多頭飼いをしている場合は、お互いにかみあうことで加減を知ることができます。

# 猫の気持ちを読みとる

猫は言葉をしゃべらなくても、気持ちをしぐさや声に表します。よく観察して、猫がどんな気持ちでいるのか、何を要求しているのかを読みとりましょう。

顔の表情やしぐさ、鳴き声で気持ちを訴えているよ。わかってね〜。ボクたちだって飼い主さんをいつも観察して、気持ちを読みとるようにしているよ

## 猫は全身で感情を表す

猫をよく観察すると、その時々の猫の気持ちは体全身で表現されていることがわかります。顔の表情、しっぽの動き、鳴き声には喜怒哀楽が表れます。猫のしぐさなどから猫の気持ちを読みとり、猫と仲よく暮らしていきましょう。愛猫が送ってくるサインに気づけるのは、飼い主だけなのです。

## 猫の甘えたいサインを逃さないで

普段、クールな態度で過ごしている猫であっても、深い関係のある飼い主に対しては、たまに、かまってほしい、甘えさせてほしいサインを出してきます。飼い主はそのサインを逃さずに、たっぷり甘えさせてあげる、遊んであげるなどの行動をとってあげましょう。人と猫の幸せな暮らしがそこから始まります。

### 猫は見つめられるのが苦手？

猫は視線を合わせることを嫌う動物です。猫にとって、目と目を合わせるのは闘いを意味し、威嚇していることになります。むやみに見つめると、威嚇されているように感じてしまうのです。信頼している飼い主であっても、じっと見つめられると落ち着かなくて、ソワソワしてしまいます。

ややリラックス

## 表情で読みとる

猫の目とヒゲを見ているだけで、常に感情が移り変わっているのがわかります。うれしいのか、怖いのか、表情豊かな猫の顔から、その瞬間の感情を判断してみましょう。

### うれしいとき

- 耳は前に向いている
- 目は少し閉じぎみ
- ヒゲはピンと立てていて、やや上向き
- のどはゴロゴロと鳴っている

### 怒っているとき

- 耳はピンとしていてやや後ろに倒している
- 目は開いていて、瞳孔も開いている
- ヒゲはピンとしてやや前向き
- 「シャー」と言うこともある

### リラックスしているとき

- 耳は前を向いている
- 目は少し閉じぎみで、瞳孔は大きくなったり小さくなったりを繰り返している
- ヒゲはだらんと脱力している
- のどをゴロゴロと鳴らすこともある

### 怖いとき

- 耳は横か後ろに伏せている
- 目が開き、瞳孔も開いている
- ヒゲはピンとして後ろに引いている
- のどをゴロゴロと鳴らすこともある

### 驚いているとき

- 耳はピンと立っている
- 目は開いて、瞳孔も開いている
- ヒゲは水平方向にピンと張っている
- 口が少し開いていることもある

### ご機嫌ななめなとき

- 耳はピンとして水平方向に倒れている
- 目が開き瞳孔も開いている
- ヒゲはピンとして前に突き出している

## しっぽの動きで読みとる

体のなかでも、しっぽは気持ちがもっとも出やすいところといわれています。振り方やたたずまいを観察してみましょう。猫の心の中が読みとれるかも。

ワクワク！

上機嫌

### ご機嫌

しっぽをピンと立てるときは、ご機嫌！友好の気持ちの表れです。子猫が母猫に近づくポーズです。

### ワクワク！

しっぽを立てて、大きく振るのは猫がワクワクしているサイン。喜んでいる気持ちの表れです。

### 興味津々

しっぽを水平に伸ばしているときは、何かを見つけて興味津々なとき。少しずつ近づいていきます。

### リラックス

しっぽを体に巻きつけているときは、猫がゆるゆるとリラックスしている証拠です。そばにいる相手にも、気持ちを開いています。

### ちょっと不安

しっぽの先だけちょっと動かしている状態は、猫が不安なとき。緊張したり、動揺したりしているときに、しっぽを下げて、先だけ動かします。

### しょんぼり

しっぽをだらんと下げているときは、見るからにしょんぼり。気持ちが落ち込んでいます。寂しいときもしっぽをだらんと下げます。

### 怖いよ！

しっぽを後ろの足の間にしまっているときは、何かを怖がっています。機嫌もよくありません。怖いもの、原因をとりのぞいてあげましょう。

### 近づかないで！

頭を低くして、おしりを上げ、しっぽをふくらませているときは完全に怒っています。近づかないで！と宣言しています。

不機嫌

ニャー

## 鳴き声で読みとる

猫が鳴くのは何かを訴えたいときがほとんどです。さまざまな猫語を理解することで、猫とコミュニケーションがとれるようになります。

ニャー

「早くしてよ！」など猫が要求しています。

ニャッ

「やあ！」というようなあいさつ。返事です。

ナオーン

発情期に出す声です。「彼氏、彼女、募集中！」

ニャオ！

「早くして!!」など強い訴えの気持ちが表れています。

ミャオーン

ちょっと甘えて、「ごはんちょーだい〜」

キューキュルル

鳥のさえずりのような声です。「ねえねえ遊ぼうよ！」

・・・・

音に出さず、鳴く行為だけを見せるサイレントニャー。何を訴えたいのかまだ判明されていません。

シャー

かなり怒っています。「近づくな！」「ひっかいてやる！」

## ふわもこ学 ゴロゴロ音は、「今、ご機嫌」の意味？

目も耳も発達していない子猫時代に、母猫に「自分はここにいるよ」と伝えるための音といわれています。大きくなってゴロゴロいうのは飼い主に甘えているときです。また、満足・安心・リラックスの意味合いがあり、うれしいときもゴロゴロ鳴らします。普段より高めのゴロゴロは何かをしてほしいという気持ちの表れで、苦しいときや助けを求めていることもあります。

やや
リラックス

## 姿勢で読みとる

緊張しているのか、安心してリラックスしているのか……、姿勢からも猫の気持ちや気分がわかります。素直に体で表現しているので、よく観察してみましょう。

リラックス

↑

### 仰向け、横寝

前足も後ろ足も伸ばし切り、しっぽも伸ばした状態は非常にリラックスしています。

### 香箱座り

前足の足首から先を折って体の下にはさみ込む姿は、お香を入れる箱に似ているのでこう呼ばれます。リラックスした姿勢です。

### スフィンクス座り

前足を地面に接し、下には入れていないので、香箱座りよりも素早く動ける姿勢です。ややリラックス。

### 背中を水平にし、しっぽはリラックス

何かあればすぐに走り出せるよう緊張の体勢です。

### 座ってしっぽを体にぴたりとつけている

後ろ足を折りたたみ、前足を伸ばした座り方で、姿勢はやや緊張の状態です。

### 下半身は上半身より低い姿勢でしっぽも緊張

何かあればすぐに走り出せるよう緊張の態勢です。

### うつぶせて耳をふさいでいる

しっぽを丸めてうずくまり、しり込みをしています。怖がっている状態です。

### 背中を丸めてしっぽを立てる

自分の体を少しでも大きく見せることで「自分は強いんだぞ」と相手を威嚇しています。緊張と恐怖が極限に達しています。

緊張

## 寝姿で読みとる

すっかり安心してリラックスしている寝姿もあれば、まわりを警戒しながら眠る姿。猫の寝姿から猫の気持ちを読み解いてみましょう。

無警戒

安心

### おなかを出し、足もだらん

すっかり安心して無防備な状態です。心も開いた状態だといえます。

### 横を向いて頭を下につけている

おしりや背中は無防備です。おなかは出していませんが、安心して眠っています。

### 香箱座り寝

すべての足は折りたたんでいるので、戦闘態勢でないことがわかります。リラックスしながら眠っています。

### 体を丸め、おなかをかばい、頭は前足の上

体を丸め、襲われたら致命的なおなかをかばいつつ眠るのは、警戒している証拠です。

### 高いところで寝る

もともと野生の猫は木の上で暮らしていたといいます。ほかの動物に襲われる危険性も少なくなります。

### 狭いところに入って寝る

狭いところは敵に襲われる心配がなく、安心する場所です。野性の本能で、安心できる場所を選んでいます。

### 体を丸める

敵に見つからないように、体を精一杯小さくしています。また寒くて体温を保っているときにもこの状態になります。

### 足を前に出し足裏は下につけ、頭は高い位置

何かあったら、いつでもすぐに飛び出していける警戒態勢です。眠っていても、アンテナを張っています。

警戒

# 猫の「あなたを好き」サインはこれ!!

かわいい猫に毎日たっぷり愛情をそそいでいるのだから、少しは猫にも応えてほしいですね! 実は、猫はあらゆるところで「好き!」サインを送っています。

### ♥♥♥ 頭突きしてくる

猫の頬には臭腺があり、好きなものににおいをつけて、「私のもの!」とマーキングします。「猫頭突き」は愛情表現のひとつです。

### ♥♥ 出かけるとき寂しそうな顔をする

「あら?　私を置いて出かけちゃうの?　寂しいよ〜。行かないで〜」と訴えています。

### ♥ じっと見つめると目をつむる

猫は見つめられるのは苦手です。嫌なら目をそらせます。目をつぶってくれるのは好きの合図。

### ♥♥ おなかを見せる

猫にとっておなかは大切な場所。おなかを見せるのは心を許している証拠です。安心できる好きな人だけに見せるしぐさです。

### ♥♥ あとをついてくる

猫は自立心が強いといわれますが、甘えん坊な一面もあります。一緒にいたくて、あとをついてくるのは好きな証拠です。

## ♥♥♥ 一緒の布団に寝る

心を開いた好きな人だから、布団の中に入って、体をぺったりくっつけて眠ります。ただし寒い季節に限定されます。

### ♥ 近くで寝る

眠るという行為は無防備になることです。警戒心を解くためにも、安心できる人のそばで寝ようとします。

## ♥♥ 甘がみしてくる

猫は口で愛情を表現します。甘がみもそのひとつ。あなたのことが好き〜と甘がみ。愛情表現のひとつです。

## ♥♥♥ ペロペロなめてくる

最大級の愛情表現です。「遊んでほしい〜」「好きだよ〜」「元気ないけど大丈夫？」といろいろな思いを込めてなめてくれます。

## ♥♥ 抱っこするとじっとしている

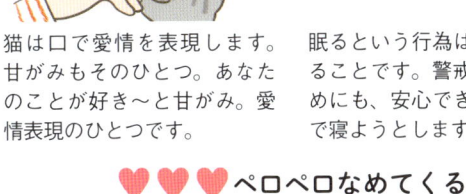

猫は抱っこが嫌いです。でも好きな飼い主だから「許してあげる〜」という気持ちの表れです。

## ♥♥♥ おなかを踏み踏みする

踏み踏みは母乳を飲んでいたころの名残りです。あなたを母猫と思い、子猫のころのあたたかく幸せな気持ちを思い出しています。

● 季節限定 ●

この頃　ひざに乗ってくれなくなった……

一緒に　寝てもくれない……

なんでなのぉぉ〜！

ぎゅうぎゅう

答え：夏だから　暑っ　くっつかない方がお互いのためにゃ

133

# 猫の不思議な行動分析

何を考えているのか、その謎に満ちた行動も魅力のひとつなのかもしれません。猫界の不思議に迫ってみましょう。猫からますます目を離せなくなります。

## じっと外を見ている

外に出たいサインではなく、自分の縄張りにほかの動物や敵が入ってこないか監視しています。遠くで聞こえる鳥の声や姿を見張っていることも。

## カゴが好き

野生だったころ、猫は外敵に見つからないよう、木のウロや茂みなど、もぐり込むことのできる場所を常に探していました。その名残りと思われます。

## 何もないところを見つめる

猫の聴覚は鋭いので、人間の耳には聞こえない音も聞こえるといいます。壁やドアの向こうの音が猫には聞こえ、耳を澄ませているのでしょう。

## 朝、夕にハイになる

猫の狩猟本能です。明け方や夕方の薄暗い光の中だと、夜目の利かない鳥などの獲物を捕らえやすいとわかっていて、血が騒ぐのです。

## やわらかいものを踏み踏みする

母猫の母乳を飲んでいた子猫のころの記憶と関わりがあります。あたたかく、やわらかいものに触れると、つい踏み踏みをしてしまいます。

## どこかでこちらを見ている

目を合わせるのは苦手ですが、じっと見るのはお手のもの。気になる対象が何をしているのか、観察し、心の中まで読みとっているかのようです。

### 仕事をしていると邪魔しに来る

猫はわがままですから、いつも自分が中心。飼い主が別のものに夢中になっているなど、許せません。「ねえ、私を見て」と言いたいのでしょう。

### 段ボールが好き

猫は身体がすっぽりと入る箱が大好きです。外敵から身を守り、隠れるのに段ボールはちょうどよく、あたたかさもあり、安心できます。

### 自分のしっぽを追いかける

猫には逃げる小さなものを追いかける習性があります。遊んでいるうちに、自分のしっぽを逃げていく何かと思い込み、ぐるぐると追いかけてしまいます。

### 目が合うとそらす

猫にとって目を合わせるのは相手を威嚇することになってしまいます。敵意がないことを表すために目をそらします。

### おしりを向ける

好きなようにしていいよ〜という安心感の表れです。心を開いた相手、信頼を寄せている飼い主に限る行動です。

### おなかを出してクネクネする

全面的に信頼し、安心している証拠です。「かまってほしい〜」「甘えたい〜」というサインなので、なでたり、遊んだりしてあげましょう。

### 猫同士で同じポーズをとる

多頭飼いの猫たちは、毎日、同じリズムで生活しています。同じポーズをとるのは、群れて暮らしていることの安心感の表れなのかもしれません。

### 新参者は要においチェック

猫はにおいをかぐことで、敵か味方か、何者かを認識します。新しいもの、未知なものに出会ったら、まずはにおいで確認するのが猫の習性です。

### 突然、甘えん坊になる

猫は気まぐれです。気が乗らないと無視しますが、自分が甘えたいときはこちらの状況はまるで考えず、突然甘えん坊になりすり寄って来ます。

### 水は嫌いなのに水場は好き

お風呂やシャワーは必死で抵抗しますが、猫の祖先は乾燥地帯に暮らしていたので、水のある場所は大切な場所だと知っているのです。

### 人さし指を出すと寄ってくる

猫は何でもにおいをかごうとします。目の前に人さし指が差し出されたら、においをかいでチェックしなければ！と近づいてくるのです。

### なでているのに突然手をかむ

猫がもうなでてほしくないサインを出しているのに、人が気づいていないことが原因です。これを「なですぎ猫反撃行動」といいます。

### 素早く動くものに反応する

猫はハンターです。家猫であっても獲物を仕留める技は鈍っていません。素早く動くものがあると、狩猟本能が刺激され、つい反応してしまいます。

### 兄姉でも性格が極端に違う

生後３カ月までに人間は怖くないと思った猫は社交的になるといわれています。兄弟でも、どんな経験をしたかで性格はまったく異なります。

### ウンチやオシッコを埋める

野生の猫は排泄物を残しておくと、外敵に存在を教えることになり、命の危険にさらされます。その本能が残っています。

### ほかの猫のおしりをかぐ

猫にとっておしりのにおいは情報の宝庫です。敵か味方か、自分のテリトリーを侵していないか……など、チェックしています。

### 気がつくと毛づくろいしている

猫はとってもきれい好き。食事、遊び、眠っている時間以外は、ほとんど毛づくろいをしています。毛づくろいが、気持ちを安定させる効果もあります。

### スリッパが好き

前足を入れて履いてみたり、かんだり、上に寝てみたり……。飼い主のにおいがたっぷりついているうえに、肌ざわりややわらかさの点でもちょうどよいと判断されているようです。

### 飼い主のベストポジションを奪う

猫は居心地のよい場所を見つけるのが得意。家中でいちばん居心地のよい場所が飼い主のベストポジションでもおかまいなしです。

### 何をしても無抵抗なときがある

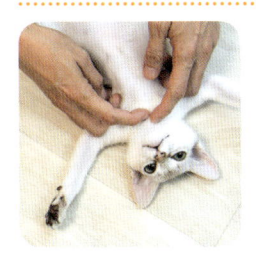

飼い主に安心しきって甘えています。「幸せ〜」という意味と同時に「私のすべてをあなたにまかせます」という意思表示です。

● フレーメン反応 ●

ん？

クンクンクンクン

何？何かついてる？

フンカフンカフンカ

カポーン

えっ

そ……そんなに臭かった？

カポーン

ガ

※フレーメン対応……知らないにおいを分析している様子。変顔になる（笑）。

### ふわもっ学　猫もオナラをするの？

猫もオナラをします。大腸で善玉菌が炭水化物を分解する際、二酸化炭素が生じてオナラになります。においの強さはフード内のたんぱく質量によります。

# 愛猫のベスト
# ショットを撮る

猫と暮らしていると「このかわいい瞬間を写真に撮りたい！」と思う気持ちが強くなってきます。シャッターチャンスが訪れたら、きれいに撮ってあげましょう。

## 携帯電話を使って撮る

携帯電話のよいところは、いつも身近にあるということです。シャッターチャンスが訪れたら、カバンからさっと出してシャッターを切りましょう。待ち受けにはもちろん、写真アプリや SNS などベストショットを撮ったあともいろいろ楽しめます。

### 猫の被毛を逆光できれいに撮りたい

猫が大好きな窓辺は、光が入って、被毛がとても美しく見えます。逆光で撮るテクニックをマスターしましょう。

**普通に撮ると**

猫がお気に入りの窓辺でくつろいでいます。シャッターチャンスです。

**真っ暗！**

見た目とは裏腹に真っ暗になってしまいます。

**画面をタッチするだけ**

Point

画面の暗い部分を軽くタッチします。自動露出機能で画面全体が明るくなります。

**まだ暗い**

全体が明るくなりました。しかし、顔のあたりがまだ暗いですね。

Point **画面を長押しする**

ここで調節

画面を長押しすると手動露出調整マークが出てきます。タップして調節します。

**ベストショットに!!**

## 動きのあるシーンを撮りたい！

遊んだり、ごはんを食べていたり、動きのある猫の姿も
おさめておきたいものです。

### シャッターを長押し

逆光の場合は、左ページを参
照して露出を調節します。携
帯電話の多くはシャッタース
ピードを調節する機能がない
ので、シャッターを長押しし
て連写します。

連写された複数枚のなか
からベストを選びます。
かわいい舌が押さえられ
ました！

### 背景はすっきりしたところで

写真でいちばん大切なのが背景です。なるべくすっきりした
背景を選びましょう（または、片づけましょう！）。

ソファにかけたグリーンの布が、
やさしい毛色に合っています。

ステンドグラスの窓に白いレー
スのカーテン。印象的なショッ
トです。

猫の目線より

上から撮っても――

同じ目線で撮っても

何でもカワイイ猫ですが――
下から撮ってみようか――

あおりすぎには注意です

ニャンとも情報局

## 無料アプリで写真の加工に挑戦

携帯電話で撮った
写真は、アプリを使
うことで、いろいろ
加工できます。無料
アプリ「My Heart
Camera」で加工に
挑戦してみました。

普通に携帯で写真をとり
ます。

背景をぼかし、一部をセ
ピア色にしてみました。

文字やイラストを入れて。携
帯の待ち受けにします！

# 一眼レフカメラを使って撮る

オートフォーカス機能が搭載された一眼レフカメラ。設定のポイントさえ押さえれば、携帯電話の写真とは違う、ぐっとプロっぽい写真を撮ることができます。

## 背景をぼかしてプロっぽく撮りたい！

猫のかわいい顔にピントを合わせ、バックをぼかすテクニックです。覚えておくといろいろなシーンに使えます。

しぼり優先モード「A」にする

シャッタースピードは自動で計算

F値を小さくする

顔にピントを合わせ、背景のじゅうたんをぼかしています。

室内写真はISO感度を大きくしておく

**しぼりとは？** カメラが光をとり込む量です。それを数値化したものをF値といい、小さくするとピントが合って見える範囲が狭くなります。

## 逆光で全身の姿をきれいに撮りたい！

ふわふわした猫の全身をきれいに撮るには、露出を補正して、手前が暗くならないようにします。自然光は時間で光の量がどんどん変わるので、適宜、調節しましょう。

しぼり優先モード「A」にする

手動で露出をプラスにする

F値は好みで決める

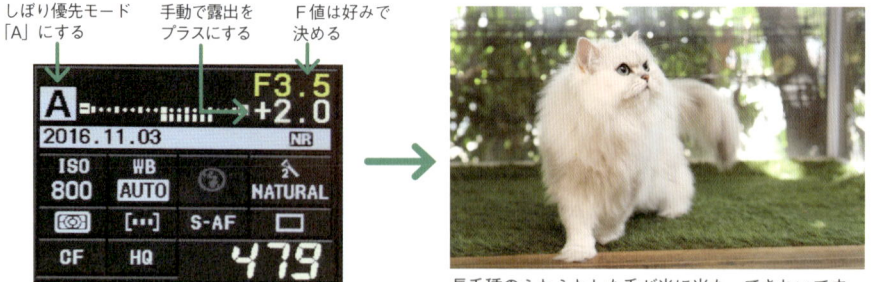

長毛種のふわふわした毛が光に当たってきれいです。

**露出とは？** 写真全体の明るさを決める光の量のことです。この露出をプラスにするほど、暗い写真が明るくなり、マイナスにすると明るい写真が暗くなります。

## 動きのある瞬間をとらえたい！

シャッタースピードを短くするほど、動いているものをブレずに撮ることができます。猫のいきいきとした一瞬をとらえてみましょう。

シャッタースピード優先モード「S」にする

シャッタースピードを1/1250の高速に設定する

F値は自動で決まる

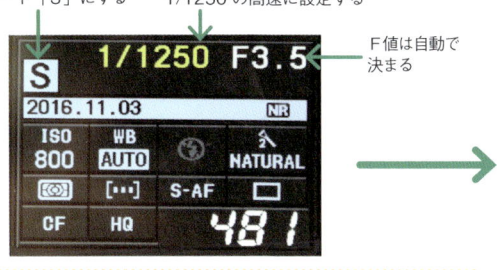

### シャッタースピードとは？

シャッターがあいている時間のことです。シャッタースピードを速くすると動きのある一瞬をブレずにとらえることができます。

ひもを追って猫が立ち上がった瞬間が、ブレることなく撮れました。

## 猫のかわいい表情を押さえたい！

光も背景もきれいで猫もよいポーズ。あとは、カメラの位置やちょっとした工夫でよりかわいい表情を押さえていきましょう。

### ●猫目線にカメラを下げる

猫は人よりずっと低い位置に目線があります。
カメラ位置を思い切って下げてみましょう。

人にとっては撮りやすい角度ですが、猫を撮るには上すぎます。

このくらい姿勢を低くして、目線をねらいます。

おめめぱっちりの顔が撮れました。

### ●おやつを小道具にする

おやつを使って猫の位置や目線を誘導しても。
ここではペースト状のおやつを使ってみます。

ペースト状のおやつは、猫のみんなが大好きです。

口の上や鼻の上にのせます。

舌ペロリのかわいいシーンが撮れました！　猫もおやつが食べられて満足です。

# 猫に好かれる人、嫌われる人の分かれ道

猫が好きなのに、なんだか猫に嫌われているみたい。そんな悲しい状況にならないよう、猫の好きなタイプ、嫌いなタイプを知っておきましょう。これに注意すれば、あなたも猫に好かれます。

### 声がやさしい

猫は聴覚が優れ、人間の5倍の音が聞こえます。ソフトな声、やさしい話し方だと安心します。

### 距離感がわかっている

猫の気持ちを考えず、ぐいぐい近づく人は嫌われます。適度な距離感を保ってくれる、自由にさせてくれる人が好きです。

### 望みをかなえてくれる

遊んでくれる、ごはんやおやつをくれるなど、自分の希望をかなえてくれる人が大好き。猫ですから、当然です。

### 立居振る舞いが穏やか

穏やかな動作をする人、あまり動かない人は猫にとって安心な存在。猫もそばでゆっくりくつろげます。

### 猫の気持ちに寄り添える

猫の気持ちを常に推し量り、やさしく愛情深く接する人に、猫は自然になつき、大好きになります。

### においがきつい

香水など人にとってはいいにおいでも猫は苦手です。とくに柑橘系、タバコのにおいはダメです。

### 声が大きい

大きな声は猫にとっては恐怖です。大きな声で呼ばれるとびっくりして、警戒してしまいます。

### しつこい

猫が嫌がっているのに、いつまでもなでていたり、しつこくすると嫌われます。すぐにやめましょう。

### 動作が荒い

猫は警戒心が強いので、急に立ち上がる、急に近づいてくる人は危険人物だと感じます。怖くなって逃げ出します。

### ルールを強要する

自由気ままに生きる猫にとって、人間界のルールを強要することは不可能。人が猫に歩み寄る姿勢が大切です。

# 猫の健康を管理する

いつまでも元気な猫と暮らしていくのが飼い主にとっては何よりも幸せなこと。獣医と上手にタッグを組みながら、健康管理をしていきましょう。毎日、猫と触れあうこと、よく観察することがいちばんの病気予防策です。

# 毎日行いたい猫の健康チェック

毎日をいっしょに過ごしている飼い主にしかできないのが猫の元気を守ることです。小さな変化に病気が隠されているかもしれません。健康チェックを習慣にしましょう。

猫の言い分

- 調子が悪いと、隠そうとしても、やっぱりどこかに出ちゃうの
- 小さなことだって見逃さないで。大きな病気につながることだってあるんだ
- 元気そうだからってほったらかしはやめて

## 🐾飼い主ができる猫の健康チェック

下記の4つのことに気をつけてみましょう。

### Check! ❶ 食事と排泄

決まった量の食事を残さず食べているか、水を飲む回数や量に変化はないか、ウンチやオシッコの回数、量、色やにおいなどを確認します。

### Check! ❷ 体重

体重測定を定期的にして、変化をチェックします。とくに、急激に体重が減っている場合は、病気が疑われるので要注意です。

### Check! ❸ 行動

体に不調があると、おびえたり、攻撃的になったりすることがあります。急に今までしなかったことをする、今までしていたことをしなくなる場合も注意。

### Check! ❹ 体の異変

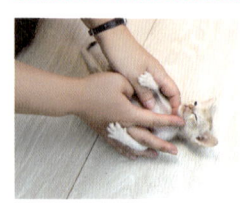

なでたり、抱っこしたりしたとき、張りやしこり、触ると嫌がるところがないか、皮膚や毛の状態もチェックします。

## 猫の体重を量る

体重は猫の健康状態を知る大事な目安です。とくに子猫の場合は定期的に体重測定をして、順調な成長を確認しましょう。太りすぎには、さまざまな病気のリスクがありますし、食事の量が変わらないのに、少しずつ、または急激に体重が減る場合は、大きな病気の可能性があります。

### 体重の量り方のポイント

体重2kgの猫が2.2kgになったら、50kgの人なら55kgに増えたことになります。kg単位ではなく、0.1kg、またはそれ以下まで量れるベビースケールがあると便利です。

**1kg 未満の子猫は → 入れ物にのせて量っても可**

入れ物をのせ、目盛りをゼロに設定してから子猫をのせて量ります。料理用のスケールで代用できます。

**1kg 以上の猫は ↓ 抱っこして量っても可**

1kgを超えた猫なら、人が抱っこして量ってもよいでしょう。人用の体重計でも、量れる単位が細かいものがおすすめです。

### 0〜12カ月までの体重の変化

●成猫時 4.5kg の場合

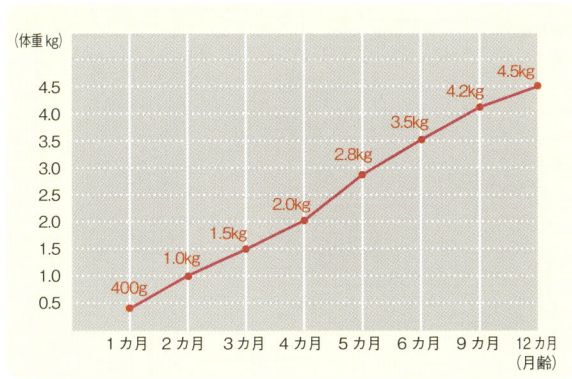

（体重 kg）

4.5kg
4.2kg
3.5kg
2.8kg
2.0kg
1.5kg
1.0kg
400g

1カ月　2カ月　3カ月　4カ月　5カ月　6カ月　9カ月　12カ月
（月齢）

※あくまでも目安です。猫には個体差があります

**標準よりも軽い猫**
● シャム　3〜4kg
● シンガプーラ　2〜3.5kg

**標準よりも重い猫**
● アメリカンショートヘア
　3〜6kg
● アメリカンカール　3〜5.5kg
● ベンガル　3.5〜7kg
● ノルウェージャンフォレスト
　キャット　3.5〜6.5kg
● シャルトリュー　4〜6.5kg
● ラグドール　4〜7kg
● メインクーン　5〜9kg

# 子猫時代はとくにこんな病状に注意！

体が成長途中の子猫は、いろいろな病気にかかりやすい状態です。下記の症状が見られたら、病院に連れて行きましょう。

## ウンチがゆるい

細菌性の下痢、寄生虫などの可能性があります。子猫の場合は、フードの量が多く消化不良をおこしていたり、ミルクが原因の場合もあります。

→ 消化器系の病気 P.160
寄生虫・感染症による病気 P.163

## 食べたものを吐く

食べたあとすぐに吐き、その後も食欲があれば、急いで食べたことによる消化不良かもしれません。激しく吐いたり、続けて吐いたりする場合は、病院へ行きます。

→ 消化器系の病気 P.160、泌尿器系の病気 P.162
内分泌系の病気、寄生虫・感染症による病気 P.163

## 耳をかく、頭を振る

皮膚病、耳ダニ、外耳炎、中耳炎など耳の病気が疑われます。頭を振るだけの場合は、耳がかゆいからではなく、脳や神経の病気の可能性もあります。

→ 外耳炎 P.159
皮膚・被毛の病気 P.160

## 体をかく

ノミや寄生虫、皮膚病などの可能性をチェックします。被毛や皮膚をよく見て異常がなければ、ストレスや、内臓の病気が原因の可能性があります。

→ 皮膚・被毛の病気 P.160

## 目が充血している

猫がしきりに目をこすっているようなことはありませんでしたか。結膜炎など、目の病気が疑われます。病院へ行きましょう。

→ 結膜炎 P.158

## 毛が部分的に抜けている

まず疑われるのは皮膚の病気です。皮膚病にはさまざまな原因があるので、獣医に相談しましょう。栄養障害やストレスも原因になります。

→ 皮膚・被毛の病気 P.160

# 動物病院に行く

信頼できるかかりつけの獣医を見つけることが大切です。子猫のうちから病院に行くことに慣れさせておくことが、健康を守っていくうえでも大事なことです。

猫の言い分

- 強引にキャリーに入れられて、連れて行かれるのはイヤ
- 緊張するし不安だから、やさしく落ち着かせて
- 私たちは痛かったり苦しかったりしても、弱みは見せない
- 健康診断は定期的にしてね

## 猫を迎えたら まず健康診断

猫を家に迎えたら、早い時期に健康診断を受けましょう。見逃されている病気や、生まれつき弱い部分があるかもしれません。猫の様子を獣医に知ってもらうことも大切です。また、猫を飼い始めてから出てきた不安や、わからないことなどを質問して早めに解決しておくことで、気持ちがグンと楽になります。

## 1〜10歳までは 1年に1回

猫は、体の不調をできるだけ隠そうとします。不調がわかるようになったら、重症なことが多いのです。定期的に健康診断を受けることが、病気の早期発見につながります。1歳まではワクチン接種や避妊・去勢手術などで頻繁に通うことになりますが、1歳を過ぎたら基本的には1年に1回、10歳以降は半年に1回健康診断を受けます。

### 健康診断に持っていくもの

体重の記録や、気になることのメモなど、猫の健康状態を伝えるものを準備します。

キャリーは、上が開いたり、フタがとれるものが、猫をとり出しやすくおすすめです。

体重や体温などをはかっている場合、その記録を用意します。行動の変化など、気になることがあれば、スムーズに話せるようメモにしておきます。

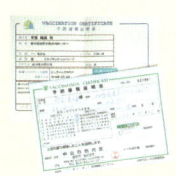

初めての病院の場合は、ワクチンの接種が済んでいればその証明書を準備します。

診察が終わったら、ごほうびにおやつをあげて、猫にいい記憶を残しましょう。

## 待合室でのマナー

人間の病院とはルールがちょっと違います。初めてで心配な場合は、事前に電話して、聞いておくのもよいでしょう。

### 猫を出さない

興奮して暴れたり、逃げたりすることもあります。キャリーに入れたまま待ちます。

### ほかの動物には触れない

病気の動物を、おどかしたり、不安にさせたりすることになります。感染の原因になることもあります。

## 健康診断、検査の流れ

問診、聴診や触診のほか、血液検査やウンチやオシッコの検査をすることもあります。

### ①問診

しゃべることのできない猫に代わって、適切に体の状態を伝えましょう。日ごろからどのくらいしっかり猫を見ているかが問われます。

問診は、猫が健康かどうかの大切な判断材料になります。たいていは検査のいちばん最初に行われるので、しっかり受け答えできるようにしておきましょう。

### Memo 相談の仕方

「先週まで、普通の硬さのウンチが 1 日 1 回でしたが、一昨日からやわらかいウンチを 1 日 2 〜 3 回ずつするようになりました。目ヤニも増えています」

猫の様子の変化は、以前はどうだったか、それがどう変わったのかをできるだけ具体的にわかりやすく説明します。

### 一般的に聞かれることと答え方のポイント

#### 食欲はありますか？

毎日の食事の量を伝え、食べきっているか、残すことがあるかなどを答えます。また、以前にくらべ量に変化があれば、そのことも伝えましょう。

#### ウンチ・オシッコは問題ありますか？

頻度、硬さや色など、見た目の状態を答えます。トイレ以外で粗相をする、トイレに入るとなかなか出てこないなどの行動があれば、それも伝えます。

#### 日常で何か気になることはありますか？

グルーミングや遊ぶときの様子、声をかけたり、なでたりしたときの反応や様子に変化があったら、必ず伝えましょう。言葉で伝えづらい場合は動画を撮っておく手もあります。

## ❷検査

目で見て、聴いて、触って、小さな異常でも発見できるように全身を
くまなく調べます。

### 体重測定

適正な体重かどうかは健康のバロメーターの
ひとつです。

### 耳のチェック

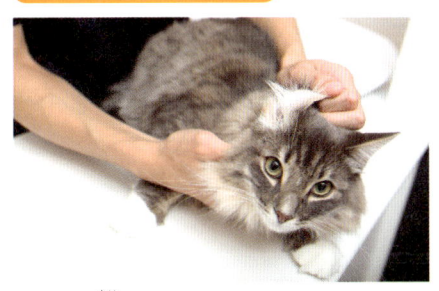

耳だれや疥せんなどの汚れや傷、かきむしっ
たあとがないかなどを調べます。

### 目のチェック

目ヤニや涙、瞬膜の様子などをチェックしま
す。眼圧を測る検査もあります。

### 歯ぐきのチェック

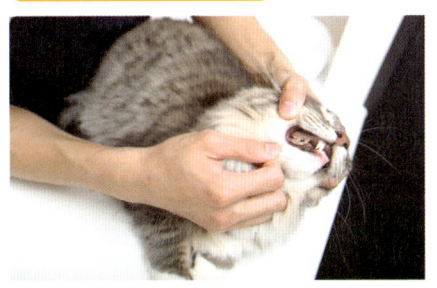

歯ぐきや歯垢の状態をチェックします。状態
によっては、頭部エックス線で歯根を確認す
ることもあります。

### 口の中のチェック

舌の状態や、口内炎などがないか口腔内を調
べます。

### 肛門のチェック

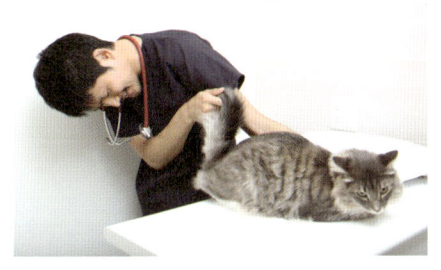

ウンチの異常は、肛門の汚れ方などでもわか
ります。

Chapter 4

❤ 動物病院に行く

149

## 触診

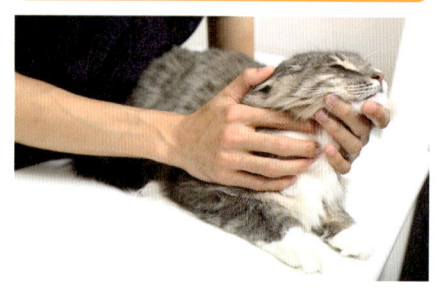

全身をくまなく触って、しこりがないか、痛みなどを感じて触られるのを嫌がるところがないかなどを調べます。

## 心音

聴診器で心音を聴き、心臓の状態をチェックします。

## 体温

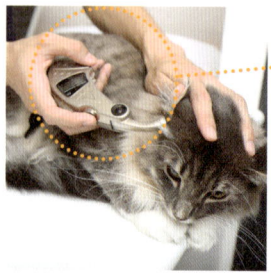

耳用の体温計

耳の入り口に当てる体温計は、測る時間も短く、猫への負担が少なくてすみます。

## ③ ごほうび

大好きなおやつをあげて、病院に対して嫌な思い出を残さないようにしましょう。

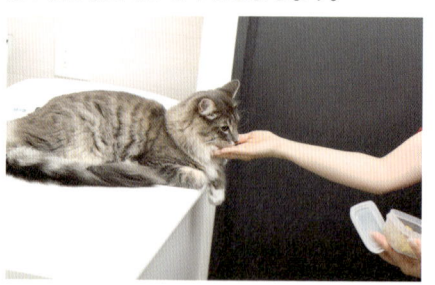

### ふわもこ学 肛門で測る体温計の場合

肛門に体温計を入れて体温を測る方法をとり入れている病院も多くあります。

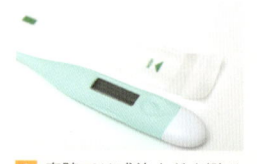

**1** 病院では感染などを避けるため、体温計の先を専用のビニールなどで保護します。

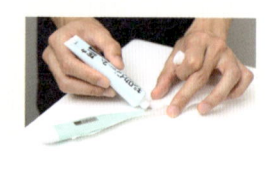

**2** すべりをよくするために、水で濡らしたり、ゼリーを塗ったりすることもあります。

**3** 猫のしっぽを持ち上げて、体温計を肛門に2～3cm入れます。15秒くらい測ります。

## エックス線検査

せきをしたり、呼吸が不安定なとき、心音の異常、腹部のしこり、骨折の可能性があるときなど、エックス線検査で確認します。

### ニャンとも情報局

## ペット保険について

猫が病気になったりケガをしたりしたとき、治療の費用は決して安くはありません。人の場合と同じように、その一部を負担する保険です。

### ペット保険とは？

人には国の健康保険制度があり、支払う治療費が抑えられていますが、動物には公的な保険はありません。飼い主が、民間のペット保険に加入する形になります。

### 選ぶときのポイント

病気やケガの保障の範囲や、加入時の条件などは、運営する企業によってさまざまです。20年以上になることもある猫の一生と、自分たちの生活を考えて選びましょう。

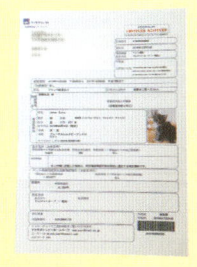

### Memo

## 診察室での飼い主の行動ポイント

### ❶ 猫の視界に入る場所で見守る

不安な場所に連れてこられているうえ、飼い主から離れると猫はますます不安になります。飼い主は、可能であれば猫の視界に入る位置に立って静かに見守りましょう。

### ❷ 声がけするなら穏やかに

「〇〇ちゃん、暴れないで！」などと大声を出すのは逆効果。猫が余計に興奮します。「もう少しだからね〜」などと、近くにいることを知らせる程度にやさしく穏やかに。

151

## ワクチンについて

ワクチンは、ウイルスによる感染症を予防するためのものです。打てばすべて安心というわけではありませんが、猫の健康を守る大切な手段です。

### 1歳までにワクチン接種は3回

体力のない子猫の時期は、確実に病気を予防するために、3回接種します。

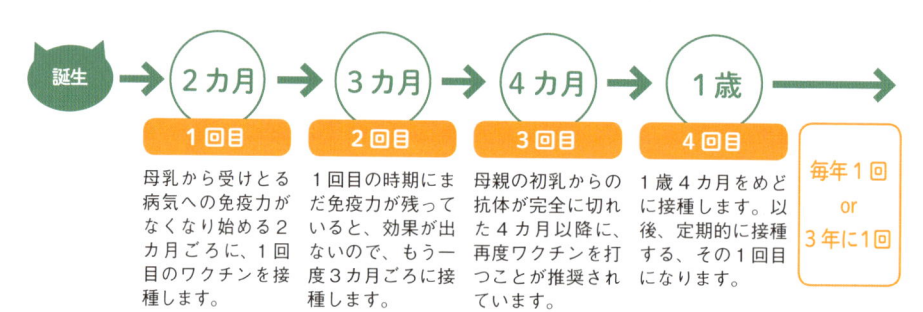

| 誕生 → 2カ月 | 3カ月 | 4カ月 | 1歳 | 毎年1回 or 3年に1回 |
|---|---|---|---|---|
| **1回目** | **2回目** | **3回目** | **4回目** | |
| 母乳から受けとる病気への免疫力がなくなり始める2カ月ごろに、1回目のワクチンを接種します。 | 1回目の時期にまだ免疫力が残っていると、効果が出ないので、もう一度3カ月ごろに接種します。 | 母親の初乳からの抗体が完全に切れた4カ月以降に、再度ワクチンを打つことが推奨されています。 | 1歳4カ月をめどに接種します。以後、定期的に接種する、その1回目になります。 | |

### ワクチンで予防できる病気

3種混合、4〜5種混合、単独ワクチンなどの種類があります。かかりつけの獣医に相談して、猫の環境に合ったワクチンを選びましょう。

| 3種混合・4〜5種混合共通 | | |
|---|---|---|
| **猫ウイルス性鼻気管炎** | **猫カリシウイルス感染症** | **猫汎白血球減少症** |
| 感染すると、鼻水、くしゃみ、せき、発熱などの症状が出ます。体力があれば、2〜3週間で症状は治りますが、子猫や高齢猫には危険な病気です。感染している猫のくしゃみで飛び散った唾液や鼻水から感染します。 | 猫風邪の一種で、病状は猫ウイルス性鼻気管炎に似ています。感染経路も同様です。症状が進行すると、口内炎や舌、唇に潰瘍ができるのが特徴で、悪化すると肺炎に移行し、死に至ることもあります。 | 感染すると、激しい嘔吐や下痢、それにともなう脱水症状、発熱などの症状が出ます。白血球が急激に減少し、抵抗力が弱まって合併症をおこしやすくなります。感染力の非常に強いウイルスで、とくに子猫には注意が必要です。 |

| 4〜5種混合 | | 単独 |
|---|---|---|
| **猫白血病ウイルス感染症** | **猫クラミジア感染症** | **猫エイズウイルス感染症** |
| 感染後数週間から数年後に、白血病、リンパ腫、貧血などを引きおこします。白血球が減少し、免疫力が低下し、そのほかの病気も悪化しやすくなります。感染している猫とのケンカやなめあい、同じ食器から食事をしても感染した例も報告されてます。 | 結膜炎をおこすのが特徴で、そのほか、鼻水、くしゃみなど風邪に似た症状が見られます。口内炎や舌の炎症などをおこすこともあり、進行すると肺炎に移行する危険があります。 | 免疫力が次第に低下し、長い潜伏期間を経て、歯肉炎や口内炎、結膜炎などの症状が見られます。進行すると貧血をおこし、白血球が減少して、ほかの病気を併発することもあります。感染している猫とのケンカで、傷口から感染することも。 |

 **ワクチン接種の流れ**

免疫力をつけるために、毒性を弱めたウイルスを体に入れます。体調が悪いときにはワクチンの接種はできません。

**検査**

問診、触診、体温測定などをして、体調を確認します。

**接種**

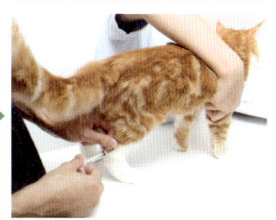

注射を打った場所にがんができやすいという研究報告があるため、治療しやすい四肢に打つことが多くなっています。

**ふわもこ学 しっぽに接種する場合も**

がんが発生した場合、いちばん治療しやすいしっぽに打つ方法もあります。

---

**Memo**

## 次の検査のときにウンチ、オシッコを持ってきてくださいと言われたら

### ウンチ摂取のポイント

以下のポイントを守りましょう。

**① とれたらできるだけ早く**
半日以上たってしまったものは避けましょう。

**② 乾燥させない**
ポリ袋やシール容器に入れます。

**③ 雑菌をつけない**
割り箸でウンチをとる場合、ポリ袋に入れる場合など、新しいものを使用します。

### オシッコ摂取の方法

一般的に、以下の3つの方法があります。

**① スポイトでとる**
システムトイレの場合は、下の段のトイレシートをはずしスポイトでとります。

**② おたまで受け止める**
猫がトイレでオシッコのポーズをしたら、おたまをさし入れて受け止めます。

**③ 便利グッズを使う**
「ウロキャッチャー」は、棒の先についたスポンジがオシッコを吸収します。また、尿を吸いとり、あとで絞って採取できるシートもあります。インターネットで購入できます。

ウロキャッチャー

検尿用採尿シート／Ⓓ

# 去勢・避妊手術を受けさせる

猫に出産を望むなら生まれた子猫すべてに責任をもつ覚悟が必要です。その猫との暮らしを楽しむためにも、去勢・避妊手術を検討しましょう。

猫の言い分

- 手術はちょっと嫌だけど、そのあとのことを本気で考えて
- 気持ちが落ち着いたり、病気を防いだり、いいこともあるんだ
- ちょうどいい時期に、安全に手術をしてね

## メリットとデメリットをしっかり知って判断を

育てられない子猫や、野良猫を増やす可能性があるなら手術を考えましょう。発情期の行動や生殖器系の病気を防ぐこともできます。

## 時期は生後4～6カ月がベスト

初回の発情期が訪れる生後4～6カ月の間に行うのがベストです。その時期が過ぎて発情期が来てしまった場合は、発情期が終わるのを待って手術をします。

### ふわもこ学 発情期の行動

発情期に入ると下記のような行動が見られます。

発情期に入っているベンガルの♀

**メス猫 ♀**

- 胸とおなかを床につけて、おしりを持ち上げる独特のポーズをします。「ロードシス」と呼ばれる、オス猫を受け入れる姿勢です。
- 頭や首をこすりつけてくることが多くなります。急に甘えん坊になった感じです。
- 体をクネクネさせながら、ゆっくりまたは激しく横転を繰り返します。
- いつもより高い声で、長い間鳴き続けたり、頻繁に鳴くこともあります。ただし 猫によっては、ほとんど鳴かないこともあります。

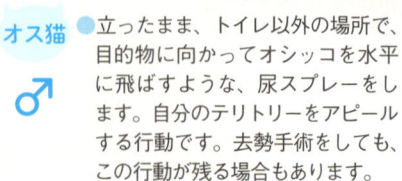

**オス猫 ♂**

- 立ったまま、トイレ以外の場所で、目的物に向かってオシッコを水平に飛ばすような、尿スプレーをします。自分のテリトリーをアピールする行動です。去勢手術をしても、この行動が残る場合もあります。
- 攻撃的になり、外へ出る猫の場合は、何日も家に戻らず、放浪する場合もあります。メス猫をめぐってほかのオス猫とケンカをすることも多くなります。

## 手術の前に2回以上のワクチンを接種しておく

適切に手術を受ければ、ほとんどリスクはありませんが、猫の体に負担はかかります。感染症にかからないよう、手術の2〜3週間前までに、3回目のワクチン接種を済ませておきます。

## 前日から退院までの流れ

1週間以上前に病院に予約をとりましょう。退院後、1〜2日は猫の様子をしっかり見守れるように、週末に退院できるようにするなど、獣医とよく相談を。

### 食事制限

全身麻酔のため、獣医から前もって食事制限の指示があります。

### 入院

指示された時間に、病院に連れていき、預けます。

### 検査

手術を受けられる状態か、最終チェックをします。

### 麻酔

全身麻酔をかけます。

### 手術

メス猫は開腹手術で、卵巣、または卵巣と子宮をとります。オス猫は睾丸を切除するのが一般的です。

### 経過観察

オス猫は手術時間も短く日帰りになることが多く、メス猫は経過観察のため入院になるケースがほとんどです。

### 退院

獣医が安全を確認できれば、退院です。

男と女

オスの去勢のとき

本当に去勢しなくちゃいけないのかな〜

夫

一生外に出さなければこのままでいいんじゃ……

家で飼うからするんでしょ……

妻

メスの避妊のとき——

本当に手術って必要なのかな……

メリットが大きいからでしょ

オスの時と態度が違うね……

オマエもだ

ケロッ

 **退院後の注意**

安全な手術といっても、リスクはゼロではありません。傷口がふさがるまでは、様子をしっかり見守りましょう。

### 傷がふさがるまでは安静

とくにメス猫は開腹手術をしています。落ち着いて過ごせる環境作りをしましょう。

### 薬を飲ませる

獣医からもらった薬は、指示された回数、量を守ってきちんと飲ませます。

### 2〜3日はしっかり観察

食欲や排泄の様子、急に変わった行動がないかなど、状態を観察します。

### 体重管理をスタート

手術後は前より食欲旺盛になり太りやすくなります。食べる量をコントロールしましょう。

### ニャンとも情報局

## 補助金の申請をしよう

去勢・避妊手術には、地域の自治体や獣医師会から補助金を受けられるケースが多くなっています。地域によって、またオス猫、メス猫によって、金額は違いますが、申請方法を調べて活用しましょう。

「避妊・去勢手術実施証明書」が必要な場合は、病院で発行してもらえます。

### Memo

## 避妊手術後の跡

痛々しく見えるので心配になりますが、通常は、きちんと回復していきます。

### 🐾 術後2日目

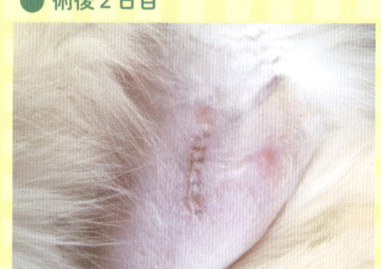

傷口が完全にふさがっていない状態。術後1週間目に抜糸をします。

### 🐾 術後1カ月

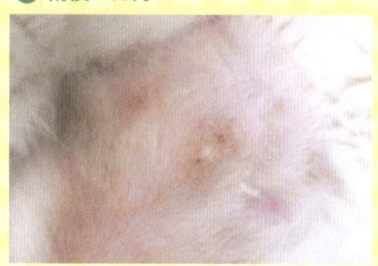

傷口はほぼわからなくなり、被毛もうっすらと生えてきました。

# メス猫に子猫を産ませる

去勢・避妊をしていないオス猫とメス猫が同居している場合、また、外に自由に出られる環境の場合は、時期がくれば、まず妊娠すると考えられます。室内飼いで、お相手がいない場合は、お見合いから始めることになるでしょう。ただし、猫にも相性があるので、お見合いしたら、必ず妊娠するとは限りません。複数の相手とのお見合いが必要なこともあります。

## 妊娠中の注意点

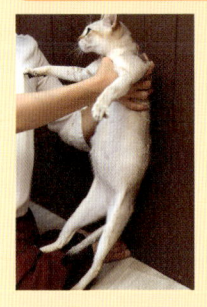

妊娠期間は約2カ月です。妊娠前期は、あまり普段と様子は変わりません。後期に入ってくると、よく食べるようになり、おなかのふくらみが目立ち始めます。妊娠中の猫には、専用のフードや子猫用のフードを十分に与え、カロリー不足にならないようにします。

また、室温をあたたかく保つように心がけましょう。部屋のすみやクローゼットの中など、落ち着けるところを出産場所に選びます。猫が好む場所にタオルを敷いて段ボールで囲ったり、市販されている産箱を用意するなど、安心して出産できる環境を作ります。

## 出産の流れ

母猫が四肢を伸ばしいきみ始めたら、陣痛が始まっています。

⬇

20〜30分以内に、羊膜に包まれた赤ちゃんが生まれます。

⬇

母猫が羊膜をなめ、それが刺激になって、赤ちゃんが呼吸を始めます。

⬇

赤ちゃんは母猫の乳首を探して、吸いつきます。

⬇

15分ほどの間隔で次の赤ちゃんが生まれます。

## 出産後の注意点

出産直後の母猫は、子猫を守ることに集中しています。無理に手を出すと、攻撃的になることもあります。子育ては母猫にまかせ、何かあったら、すぐフォローできるよう準備を整えて様子を見守りましょう。妊娠中と同様、授乳中の母猫にも十分な栄養が必要です。

# 猫がかかる病気を知っておこう

環境や年齢によってかかりやすい病気もあります。飼い主がどのくらい知識をもってケアができるかも、猫の健康を守るポイントになります。

猫の言い分

- 具合が悪いときは、静かにしていたいんだ
- よく見ていてくれれば、わかるはず。おかしいなと思ったら、獣医さんに相談して
- 自分で判断して、薬を飲ませないで

##  少しの変化も見逃さないで

いつもより水を飲む量が多い、あまりトイレに行かない、なでると嫌がる、ぼんやりして反応がにぶいなど、何か変化があったら、病気の兆候の場合が多くあります。念のために受診しましょう。

##  日ごろからの健康管理が大切

小さな変化を見逃さないためには、猫が健康なときの状態を知っておくことです。毎日猫の様子をよく見て健康管理をしていれば、変化に気づいて、早期発見、治療ができます。

### 顔まわりの病気

#### 結膜炎

**症状**
- ◎目が充血する
- ◎目ヤニが出る
- ◎かゆがって目をこする
- ◎まぶたがつっくいて開かなくなる

**原因**
猫ウイルス性鼻気管炎など、猫風邪の症状として出ることが多く、そのほかに目に異物が入ったり、ケンカなどによるひっかき傷が原因のこともあります。

**対策**
ウイルスによる感染症ワクチン接種で予防します。感染症の場合、治療と、多頭飼いなら隔離が必要になります。治療は、目薬が中心です。

#### 角膜炎

**症状**
- ◎涙をこぼす
- ◎しきりにまばたきをする
- ◎痛みで目をこする

**原因**
目の表面をおおう角膜が炎症をおこします。ケンカで傷つける、トゲがささるなどのケガが原因の場合と、感染症やほかの目の病気が原因で発症する場合があります。

**対策**
トゲなどの異物がある場合は除去します。その後は目薬などで治療します。感染症やほかの目の病気が原因の場合は、ほかの病気とあわせて治療を行います。

## 緑内障

 **症状**
◎瞳孔がいつも開いている
◎目が大きく飛び出す

 **原因**
眼の中の圧力のバランスが崩れて眼圧が高まり、視神経や網膜などを圧迫する病気です。失明の危険もあります。

 **対策**
目の傷や、ほかの目の病気、全身疾患など、原因はさまざまです。病状によっては、手術が必要になります。

## 外耳炎

 **症状**
◎耳の中が赤く腫れる
◎耳アカや耳ダレが出る　◎耳がにおう
◎耳をかゆがって、かいたり、家具などにこすりつける

 **原因**
外耳（耳の穴から鼓膜まで）が炎症をおこした状態です。細菌やカビなどが、湿った耳アカにくっついて増殖したり、ダニなどの寄生虫（耳介せん）が原因になります。

**対策**
耳を清潔にして、定期的にチェックすることで予防できます。治療は綿棒などで耳アカや耳ダレをとりのぞき、消毒したあと、原因に応じて抗生剤などを塗ります。

## 鼻炎

 **症状**
◎鼻水、くしゃみが出る
◎粘り気のある鼻水が出て、くしゃみの回数が増える
◎呼吸が苦しくなり、口を開けている

 **原因**
もっとも多いのは、猫ウイルス性鼻気管炎など、猫風邪の症状です。細菌感染や、ハウスダストのアレルギー、刺激の強いにおいなどが原因の場合もあります。

 **対策**
まず原因を特定して、治療にあたります。アレルギーなどの場合、環境の改善が必要になることもあります。ウイルス感染は、年1回のワクチン接種で予防します。

## 副鼻腔炎

 **症状**
◎膿のような濃い鼻水が出る
◎鼻がつまって呼吸が苦しくなる
◎鼻筋が腫れ、熱や痛みが出る
◎食欲が落ち、食べる量が減る

 **原因**
鼻炎が悪化して、鼻の奥にある空洞、副鼻腔まで広がった状態です。においがわからなくなるため、食欲が出ず、体力も低下します。結膜炎の症状が出ることも

 **対策**
抗生物質の投与などの治療が中心ですが、重症の場合は、鼻を切開する手術をすることもあります。予防法は鼻炎を早期発見してしっかり治療、悪化させないことです。

## 歯周病

 **症状**
◎歯ぐきが赤く腫れる
◎歯ぐきから出血する
◎よだれや口臭がひどくなる
◎歯が抜ける

 **原因**
口の中の食べかすが歯垢や歯石になり、そのなかの細菌が原因で、歯肉に炎症をおこします。悪化すると、歯を支える骨がとけ、歯が抜けてしまいます。

 **対策**
予防は歯磨きをして、口の中を清潔にしておくことです。治療は歯垢や歯石をとりのぞき炎症を抑えますが、時間がかかり、完治が難しい場合もあります。

## 猫の歯の吸収病巣

 **症状**
◎フードを食べづらそうにしている
◎歯垢や歯石が付着している
◎歯ぐきが腫れている
◎口臭が悪化している
◎よだれを出す

**原因**
永久歯を侵食していく病気で、歯を溶かす細胞(破歯細胞)が異常増殖して発症します。中年期から発症し始め高齢になるほど増加します。原因は解明されていません。

 **対策**
浸食が進むと強い痛みを伴うので早期発見が大切です。歯周病があると発見が遅れることがあるので、子猫のうちから歯磨きを習慣化し、口の中を清潔に保つようにしましょう。

## 🐾 皮膚・被毛の病気

### アレルギー性皮膚炎

**症状**
◎足で体をかいたり、なめたり、かんだりする
◎湿疹やかさぶたができる
◎毛が抜ける

**原因**
もっとも多いのは、ほこり、カビ、花粉などが原因と考えられるアトピー性皮膚炎です。ノミが寄生するノミアレルギー性皮膚炎もあります。

**対策**
アトピー性皮膚炎の場合は、原因になるものをつきとめて、環境を整えます。ノミが原因の場合は、猫の体だけでなく、猫が暮らす場所の徹底したノミの駆除しか治療法はありません。

### 疥せん（かい）

**症状**
◎しきりに頭をかく
◎顔や耳のふちの毛が抜け、かさぶたができる

**原因**
ヒゼンダニというダニが猫の皮膚に寄生し、かゆみや炎症を引きおこします。激しいかゆみで、頭をかきむしり、出血したり化膿したりすることもあります。

**対策**
寄生しているダニを外用薬や内服薬で駆除します。室内を清潔にし、また、飼い主が野良猫との接触でダニを連れてくることがないよう注意して再発を防ぎます。

### 皮膚糸状菌症（ひふしじょうきんしょう）

**症状**
◎顔や耳、四肢などに小さな円形の脱毛が見られる
◎脱毛のまわりに、かさぶたができたり、フケが出る

**原因**
猫の皮膚や毛にカビが生える病気です。感染症などで免疫力が落ちたり、体力が低下しているときに発症しやすくなります。カビが入り込んでいても発症しない猫もいます。

**対策**
感染している犬や猫、人との接触で感染します。猫から飼い主にうつることもあります。抗真菌薬の入った外用薬、内服薬で治療します。掃除を徹底して再発防止を。

### 猫座瘡（ねこざそう）

**症状**
◎下あごの毛が抜ける
◎黒いボツボツや、赤い斑点ができる

**原因**
猫のにきびです。脂肪分が多すぎたり少なすぎたりする食事、皮膚の汚れ、猫の体質やストレスなどが原因で、いつも皮膚にいる細菌が増殖すると症状が出ます。

**対策**
にきびができた部分を消毒したり、薬用シャンプーを使います。予防は、原因にもよりますが、適切な食事、体を清潔にする、ストレスのない環境作りなどです。

## 🐾 消化器系の病気

### 胃腸炎

**症状**
◎やわらかいウンチや水のような下痢便をする
◎トイレに行く回数が増え、ウンチに血が混ざる
◎激しく吐く、連続的に吐く
◎脱水症状になる

**原因**
腐りかけの食べ物や、冷たいものを食べたとき、食べすぎなどが原因で起こります。猫汎白血球減少症（P.152）のウイルスに感染している場合もあります。

**対策**
点滴で水分や栄養を補給しながら、投薬で治療しますが、完治しないと慢性化することも。ワクチンで感染症を予防し、フードや水の与え方に注意します。

### 毛球症（もうきゅうしょう）

**症状**
◎食欲が落ちる
◎吐くそぶりをするが何も出ない
◎便秘になる
◎おなかを触られるのを嫌がる

**原因**
毛づくろいのときなめとった毛は、通常吐き出すか、ウンチの中に出てきます。このバランスが崩れ、胃の中に大量に残った毛がからみあい、大きなかたまりができてきます。

**対策**
毛玉を排泄しやすくする薬で治療しますが、重症の場合は手術が必要なことも。予防はブラッシングで飲み込む毛の量を減らすこと。毛球症対策フードもあります。

## 慢性の便秘（巨大結腸症）

**症状**
◎便秘が続き、ウンチが出ない
◎食欲が落ちる
◎吐いたり、吐くそぶりをしたりするが何も出ない
◎脱水症状になる

**原因**
腸の機能が低下して、ウンチを押し出す力が弱まります。先天的な障害のほか、事故で骨盤を骨折、腸の周辺の腫瘍などが原因になることがあります。

**対策**
ウンチの状態を把握し、定期的に浣腸や下剤でウンチを出します。栄養バランスのよい食事や適度な運動も心がけましょう。重症の場合は手術が必要です。

## 巨大食道症

**症状**
◎食べたものや水をすぐに吐く
◎体重が減り、衰弱していく

**原因**
猫では非常にまれな病気です。食道が通常よりも広がり、食べ物を胃まで送り込めなくなります。生まれつき異常がある場合のほか、食道の病気などが原因です。

**対策**
病気が原因の場合は、その病気が完治すれば、治ることが多いようです。先天的な異常の場合は、流動食などで、少しずつ症状を改善していくことになります。

## 腸閉塞・腸重積

**症状**
◎激しい腹痛に苦しむ
◎食欲が落ち、衰弱する
◎繰り返し吐く
◎脱水症状になる

**原因**
腸閉塞は腸が何かでふさがれ、内容物がおなかに溜まります。原因は異物の飲み込みが多く、腫瘍も疑われます。腸重積は腸管に別の腸管が入って重なり、腸閉塞をおこします。

**対策**
まず、何が腸をふさいでいるのかをつきとめます。多くの場合は、開腹手術で、異物をとりのぞいたり、腸の位置を正しく戻したりします。

## 脂肪肝

**症状**
◎食欲が落ち、眠る時間が長くなる
◎歯ぐきや目などが黄色くなる黄疸が見られる
◎吐いたり、下痢をしたりする

**原因**
肝臓に脂肪細胞がたまる病気です。肥満や糖尿病、また肥満した猫が数日絶食したときにもおこりやすいといわれています。

**対策**
肝臓の機能を高める薬を使って治療しますが、完治に時間がかかる病気です。食事療法も、重要なポイントになります。

## 気管支炎・肺炎

**症状**
◎吐くようなしぐさで空せきをする
◎高熱が出る
◎胸を触られるのを嫌がる
◎呼吸が速くなる、荒くなる

**原因**
猫ぜんそくやウイルス、細菌に感染して発症します。呼吸困難などももっとも重い症状が出る肺炎は、進行が速く命に関わるので、一刻も早い治療が必要です。

**対策**
抗生物質や蒸気吸入器を使った治療を行います。予防法は、猫風邪を早期に発見して治療することと、ワクチン接種で予防することです。

## 膿胸

**症状**
◎呼吸が荒くなる
◎横向きを嫌がる
◎舌や歯ぐきが青紫色になる
◎呼吸困難になる

**原因**
肋骨に囲まれた胸腔の部分に穴があき、そこに細菌が入って、膿が溜まります。胸腔の穴は、ケンカや事故による傷、気管支炎や肺炎で激しいせきをしたときなどにできます。

**対策**
治療は針をさして膿を抜くか、手術により、胸腔の中をきれいにします。感染症などほかの病気もあると、膿が溜まりやすくなるので、早期発見することが大事です。

## 尿路結石
（にょうろけっせき）

| | |
|---|---|
| 症状 | ◎頻繁にトイレに行くが、オシッコが出ない<br>◎オシッコにキラキラした結晶のようなものが混ざっている<br>◎血の混じったオシッコをする |
| 原因 | 猫は、水を飲む量が少なく濃いオシッコをするため、結石や結晶ができやすくなっています。とくに尿道が細いオス猫は、結晶で尿道を傷つけたり、詰まらせたりします。 |
| 対策 | 治療は尿道にカテーテルを入れて結石などを尿道から膀胱へ戻し、マグネシウムなどの少ない療法食を与えます。予防には対策用フードを選び、水を飲みやすい環境を作ります。 |

## 急性腎障害
（きゅうせいじんしょうがい）

| | |
|---|---|
| 症状 | ◎食欲が落ちる<br>◎水を飲む量、オシッコの量が減る<br>◎激しく吐く<br>◎けいれんや脱水症状がおきる |
| 原因 | 細菌感染や事故などで腎臓そのものに異常があったり、心筋症や下部尿路症候群など、ほかの病気の影響で腎臓の機能が急激に低下した状態です。悪化すると尿毒症になります。 |
| 対策 | 進行が速く早期の治療が大切です。体のなかの有害物質を排出できない、尿毒症にまで悪化した場合は、まずその治療を行います。原因をつきとめて治療すれば、完治する可能性があります。 |

## 慢性腎臓病

| | |
|---|---|
| 症状 | ◎水を飲む量が増え、大量のオシッコをする<br>◎食欲が落ち、体重が減る<br>◎激しく吐く<br>◎体温が低下する |
| 原因 | 腎臓の組織が次第にこわれ、正常にはたらかなくなります。初期症状がわかりにくく、気づいたときにはかなり進行していることが多いので、猫の死因の上位にあがる病気です。 |
| 対策 | 完治することはなく、療法食や投薬で症状の進行を遅らせる治療になります。高齢猫に多い病気なので、5〜6歳ごろから、尿のチェックを心がけましょう。 |

## 膀胱炎
（ぼうこうえん）

| | |
|---|---|
| 症状 | ◎頻繁にトイレに行くが、オシッコが少ししか出ない<br>◎血の混じったオシッコや白くにごったオシッコをする<br>◎オシッコをするときに痛がる |
| 原因 | オシッコを溜める膀胱に炎症が起き、膀胱がからっぽでも、猫は尿意を感じています。細菌に感染したり、膀胱にできた結石や結晶が、膀胱を傷つけたりするのが原因です。 |
| 対策 | 原因によって治療が異なります。完治せずに長引くと、薬が効きにくくなったり、再発を繰り返すこともあります。予防は水を飲みやすい環境作りと、オシッコチェックです。 |

### ふわもこ学
## 膀胱炎には、細菌性と結石性、突発性がある

猫の膀胱炎は、細菌の感染による細菌性、尿結石が原因の結石性、突発性がほとんどです。それ以外にも真菌性、腫瘍などもあります。症状からは見分けがつきません。突発性とは原因不明の意味で、尿検査を行っても結晶、細菌、異常な細胞がないにもかかわらず、膀胱炎の症状がある場合は、突発性と診断されます。

### ニャンとも情報局
## 薬の与え忘れ対策グッズ

猫にきちんと投薬するのは飼い主の務めです。うっかり忘れがないように、整理して正確に与えましょう。「お薬週間カレンダー」/Ⓓ

# 🐾 寄生虫による病気

## 回虫症

**症状**
◎食べているのにやせていく
◎吐く、下痢をする
◎貧血の症状が出る

**原因**
回虫が猫の腸に寄生し、栄養分を吸いとっています。回虫は猫の口から卵が入ると感染し、子猫の場合、多くは母乳に卵が含まれていたことが原因です。

**対策**
治療は猫に薬を投与し、室内からも回虫を追い出します。

## 条虫症（じょうちゅうしょう）

**症状**
◎おしりをかゆがる
◎食欲が落ちる
◎吐く、下痢をする

**原因**
ノミに運ばれてくる条虫や、猫がネズミなどの小動物を食べることで感染する条虫がいます。

**対策**
治療は服薬で、体内の条虫を駆除します。予防法は徹底した室内のノミの駆除と、ネズミなどの小動物を食べる機会を与えないことです。

# 🐾 内分泌系の病気

## 糖尿病

**症状**
◎大量に水を飲み、オシッコの量も増える
◎食べているのにやせていく
◎吐く、下痢をする

**原因**
膵臓（すいぞう）から分泌されるインシュリンというホルモンが不足し、血液中の糖分（血糖値）が高くなり、悪化するとほかの病気を併発します。肥満やストレス、感染症などで発症します。

**対策**
食事療法とインシュリンの注射で、血糖値を安定させる治療を行います。体重コントロールをして肥満を防ぐこと、オシッコのチェックで早期発見することが大切です。

## 甲状腺機能亢進症（こうじょうせんきのうこうしんしょう）

**症状**
◎急に活動的になり動き回る
◎水を飲む量、オシッコの量が増える
◎たくさん食べるのにやせていく
◎吐く、下痢をする

**原因**
首のあたりにある甲状腺が腫れ、新陳代謝を促す甲状腺ホルモンが正常なレベルを超えて分泌されます。その結果、体の動きが異常に活発になり、体のあちらこちらに負担がかかります。

**対策**
手術、またはホルモン分泌を抑える薬で治療します。初期症状がわかりにくく、早期発見の難しい病気です。高齢猫に発症することが多いので、行動の変化に注意。

# 🐾 感染症による病気

## 猫伝染性腹膜炎（ねこでんせんせいふくまくえん）

**症状**
◎食欲が落ちる
◎吐く、発熱する
◎貧血の症状が出る
◎胸やおなかがふくれる

**原因**
猫コロナウイルスの感染症です。腹膜の炎症だけでなく、腎臓や肝臓の障害などがおこることも多く、悪化すると胸やおなかに水が溜まったり、けいれんや麻痺が見られます。

**対策**
完治が難しい病気です。ワクチンもなく、予防が難しいのが現状です。過剰な多頭飼いは避け、ストレスのない環境作りを。

## トキソプラズマ症

**症状**
◎通常、症状はなし

**原因**
トキソプラズマに感染した猫の便を介して感染します。

**対策**
薬の投与が治療の中心です。予防法は、猫がトキソプラズマに接する機会をなくすことです。室内飼いでネズミや小鳥をつかまえるのを避け、生の肉は与えないようにします。

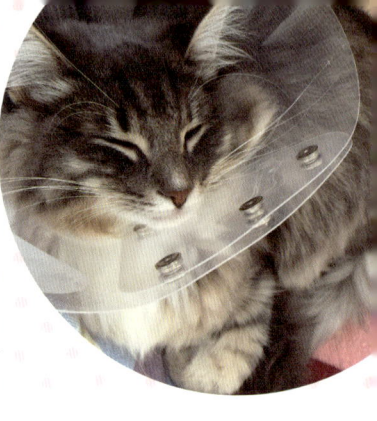

# いざというときの応急処置

思いがけない事故が起きたり大きなケガをしてしまったとき、その場でできることを基礎知識として知っておきましょう。また、再発しないように環境などを見直しましょう。

猫の言い分

- ● ボクたちがいちばん、びっくりしているし、おびえているんだ
- ● 大きな声を出したり、急に痛いところに触ったりしないで
- ● パニックになっていれば、暴れたり、かんだりもするよ
- ● とにかく獣医さんに連絡して、どうすればいいかを聞いて

## 落ち着いて処置して病院へ

事故にあったりケガをしたりした猫が落ち着けるよう、穏やかな態度で応急処置をし、すぐ病院へ連れていきます。自己判断で薬を使ったり、食べ物や水を与えたりするのは危険です。

### ふわもこ学 夜間診療の有無、方法を確認しておこう

夜間や休日のかかりつけの動物病院の対応、連絡方法を調べておきます。対応がなければ、救急対応をしている病院を見つけておきましょう。

## あると便利な応急グッズ

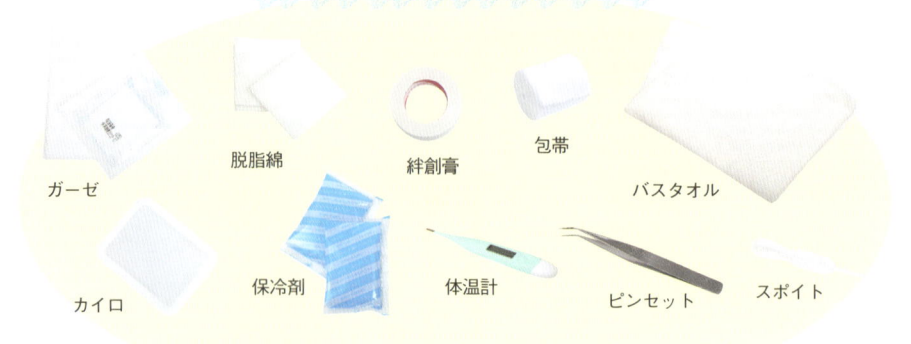

ガーゼ　脱脂綿　絆創膏　包帯　バスタオル
カイロ　保冷剤　体温計　ピンセット　スポイト

その他／消毒薬、エリザベスカラー、病院の診察券、服用している薬、病院の健康ノートや診察記録、救急対応の連絡先など

## ケガをした！

ガラスや包丁などでケガをして出血した場合、できればぬるま湯で傷口を洗ってから、清潔なガーゼなどでおさえて病院へ。出血が止まらないときは、圧迫して止血します。

## 骨折した！

歩き方がおかしい、立てない、関節が変に曲っているなどの場合、骨折の可能性があります。タオルを敷いた段ボールや平らな板にのせ、できるだけ動かさずに病院に運びます。

## やけどした！

範囲が広いときは、水で濡らしたタオルで全身をくるんで冷やし、動かさずに病院へ。部分やけどは、患部を濡れタオルでくるみ、その上から保冷剤や氷嚢を当てます。軟膏などを塗ると、皮膚がはがれる危険があります。

## おぼれた！

頭を低くした姿勢で腹ばいにするか、片手で両足を持ち、もう片方の手で体を支えて逆さにし、水を吐かせます。体の水を静かに拭きとり、あたためながら病院へ連れていきます。

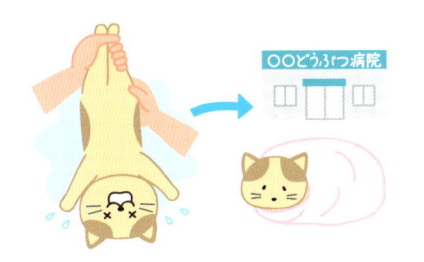

## 感電した！

最初にプラグを抜き、電気を止めます。厚手のゴム手袋などをはめ、猫をコンセントから遠ざけて様子を確認、呼吸していれば、片手で猫の頭をしっかり持ち、口を開けて、舌を引き出し気道を確保します。

## 熱中症にかかった！

暑いなか、口で荒い呼吸をしたり、ぐったりしていたら熱中症です。水で濡らしたタオルで体をくるみ、涼しい場所に移動します。首に保冷剤などを当て冷やしながら病院へ。

## 異物を飲み込んだ！

早く処置して吐かせることが大切なので、とにかくすぐに病院へ。何を飲み込んだかわかるように、薬や洗剤のパッケージ、植物や布などの残った部分などを持っていきます。

## 目の中に異物が入った！

無理にとったり、洗い流したりしようとせず、すぐに病院へ。猫が目をこすらないようにエリザベスカラーをつけます。目や耳にケガをした場合も、カラーをつけましょう。

## しっぽをドアにはさんだ！

しっぽを骨折している可能性があります。猫を落ち着かせ、病院に連れていきます。

## 高いところから落ちた！

傷や骨折などの様子を確認し、タオルを敷いた段ボールなどに乗せて静かに病院へ運びます。鼻や口から血が出ているときは、血をぬぐって、息苦しくならないようにします。

## 呼吸が止まっている！

感電したり、おぼれたりしたときにおこります。鼻の前に手を出し、空気の流れを確認、おなかの筋肉の動きを見ます。蘇生の可能性はあるので、獣医に連絡し、指示を仰ぎます。

## けいれんしている！

できるだけ猫には触らず、見守ります。周囲のものにぶつかり、ケガをしそうなときは、タオルに包んでそっと広い場所に移します。けいれんしている時間を測っておきます。落ち着いたら安静にして病院へ。

# クリアファイルで
# エリザベスカラーを作る

手術後や皮膚病のときに首にとりつけて、患部を守ります。プラスチックをやわらかい布でくるんで、肌に当たる部分をやさしい感触にしてあげましょう。

## 用意するもの

木綿の布　40×60㎝・・・・・・・・・・・1枚
Ａ4サイズのクリアファイル・・・・・・・・1枚
面ファスナー　2×2㎝・・・・・・・・・・・2枚
型紙用の紙　35×35㎝・・・・・・・・・・・1枚

**1** 型紙を作る。型紙の中心に直径13㎝の円と34㎝の円を描く。内径の円周25㎝の位置に印をつけて、直角の線で外径と結ぶ。イラストの緑の部分を切りとれば型紙の完成。

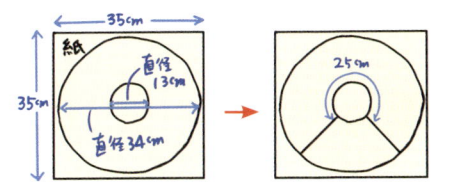

**2** クリアファイルは下側の張りついている部分をはさみで切って広げ、1の型紙をのせて切る。

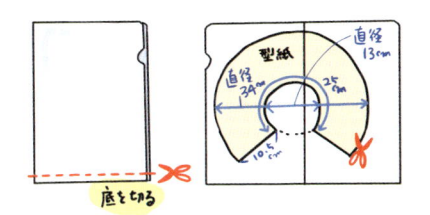

**3** 布を中表に2つ折りにして、型紙をのせ、1㎝の縫い代をつけて裁断する。

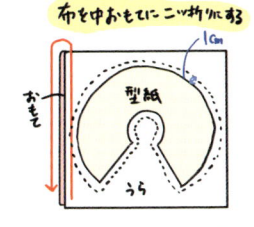

**4** 3の布を中表に合わせ、外側は1㎝の縫い代のところを縫い、内側は縫い代0.7㎝の位置で縫い合わせる。さらに、外側、内側ともに、縫い代にタテの切り込みを入れる。
☆の部分は縫わないであけておく。

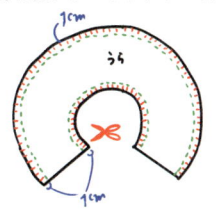

**5** 4を☆のところから表に返し、2を入れ、☆の位置を表から縫いとじる。

**6** 猫の首に当てて、面ファスナーの位置を決めてペンなどで印をつける。

**7** 面ファスナーをそれぞれの位置に縫いつけて完成。

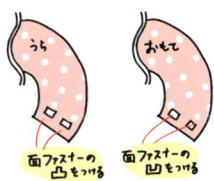

# 猫にとって危険な植物と食品

人にとってはおいしい食べ物、美しい花、心安らぐ観葉植物であっても猫にとっては危険がいっぱいです。万一のことを考えて、危険なものは近づけない工夫を。

猫の言い分

- 届くところに置いてあったら、やっぱり気になる。なめたり、かじったりしてみたくなる
- 私たちは肉食だけど、猫草代わりに植物だって食べるよ

## 猫に有害な食品

私たちには身近な食品も、猫にとっては有害になるものがあります。正しい知識をもって、猫を危険にさらさないようにしましょう。

### ネギ科

タマネギや長ネギ、ニラなどのネギ類には、猫の赤血球を壊す成分が含まれています。食べると、貧血から、嘔吐、下痢、発熱などを引きおこし、死に至る危険もあります。

### カカオ類

チョコレートやココアに含まれるカカオの苦み成分、テオブロミンが中毒の原因になります。嘔吐、下痢、発熱、けいれん、神経性の異常などの症状が出て、少量でも危険です。

### 牛乳

体質的に牛乳に含まれる乳糖を消化できず、飲むと下痢をする猫がいます。牛乳を飲める猫の場合も、高カロリーが肥満の原因になるので注意が必要です。

### コーヒー

中枢神経を興奮させるカフェインは、人には効果がありますが、猫には刺激が強すぎます。大量に摂取すると興奮状態から、下痢や失禁、けいれんなどをおこします。紅茶や日本茶もNGです。

### ナス

ナスやトマト、ジャガイモなどナス科の植物には、嘔吐、下痢、めまい、呼吸困難などを引きおこす危険があります。熟した実よりも、芽や葉が危険です。栽培している人はとくに注意を。

### モモ

酵素分解などでシアン化水素を排出する青酸配糖体という物質が含まれていて、人には害がなくても猫には危険です。モモをはじめ、アーモンド、アンズ、ウメなども注意。

### 貝類

貝類には紫外線と反応し、毒性をもつ成分があります。この成分が猫の体に入ると、日光に反応して、皮膚炎を引きおこします。とくに毛の薄い耳などにひどい症状が出ます。

### イカ・スルメ

生のイカやタコには、ビタミンBを分解する酵素が含まれ、ビタミンB欠乏症の原因に。スルメは水分を吸うと、胃の中で何倍にもふくれ、胃腸障害になる危険があります。

### アボカド

ペルシンという毒素が含まれています。人には無害ですが、ほかの動物は中毒をおこし、嘔吐やけいれん、呼吸困難などの症状が出ます。ペルシンは葉や種にも含まれます。

## 🐾 猫に危険な植物リスト

猫の体に悪い影響を与える植物は 700 種類以上ともいわれています。散歩やお出かけのときも注意が必要です。

### アザレア

「西洋ツツジ」「オランダツツジ」とも呼ばれるツツジの仲間です。葉に含まれる成分が嘔吐、下痢、視力障害などの原因になります。

### アジサイ

青酸中毒をおこし、大量に食べると死に至る危険もあります。猫だけでなく、人やほかの動物も口にすると中毒をおこします。

### キキョウ

キキョウだけでなく、切り花として人気のトルコキキョウなども危険です。呼吸が速くなったり、ふらつくなどの症状が出ます。

### クリスマスローズ

ヘレブリン、プロトアネモニンという成分が原因で、よだれ、嘔吐、下痢、腹痛などをおこします。とくに根の部分が危険です。

### サツキ

公園などにも多い、ツツジの仲間です。葉や花の蜜に含まれる成分が、よだれ、嘔吐、下痢、視力障害などの原因になります。

### シクラメン

冬の時季、鉢植えや庭植えで出まわるサクラソウ科の植物です。嘔吐、下痢、胃腸炎をおこします。仲間のサクラソウも皮膚炎や口内炎の原因に。

### シャクナゲ

ツツジの仲間で、葉に含まれる成分が、よだれ、嘔吐、下痢、視力障害、筋力低下、けいれん、昏睡状態などを引きおこします。

### ショウブ

菖蒲湯や漢方薬にも使われるサトイモ科の植物ですが、葉を食べると、口内炎や舌炎、皮膚病の原因になります。

### スイセン

全草が有毒ですが、とくに地下茎（けい）は危険です。嘔吐、下痢、胃腸炎、血圧低下などの症状をおこし、昏睡状態になることもあります。

### スズラン

キジカクシ科の植物は、猫にとっては猛毒です。食べてから数時間後に、嘔吐、下痢、腹痛などをおこします。腎不全から死に至る危険もあります。

### チューリップの球根

ユリ科の植物で、とくに球根が危険です。皮膚炎の原因になるほか、量が多いと、呼吸困難や心臓麻痺、急性腎障害をおこします。

### ツツジ

ツツジの仲間の総称で、レンゲツツジなど強い毒をもつ種類もあります。葉と蜜に含まれる成分が原因で、症状がひどいと昏睡状態になります。

### ヒヤシンス

鉢植えや水栽培で身近なヒヤシンスも猫に危険なユリ科です。球根にふれると皮膚炎を、食べると激しい嘔吐をおこします。

### ヒガンバナ

とくに球根の部分に毒性が強く、触ると皮膚炎をおこし、食べると下痢などのほか、中枢神経が麻痺して死ぬことも。

### フジ

嘔吐、腹痛、血圧上昇などのほか、体の動きに異常をきたしたり、呼吸不全になります。

### ホオズキ

ナス科の植物で、とくに種子に強い毒性があります。嘔吐、腹痛、下痢などをおこすほか、めまいがしたり、呼吸困難になることもあります。

### ユリ

もっとも危険度の高い植物で、全体に毒性があります。急性腎障害をおこし死に至ります。

## 🐾 猫に危険な観葉植物

室内のグリーンは、葉やつるがゆれるのがおもしろくて、前足を出したり、じゃれたりしているうちに、口にしてしまう危険などがあります。注意しましょう。

### セローム（ヒトデカズラ）

特徴的な形の葉が人気のセロームは、猫に危険なサトイモ科の植物です。よだれ、口内炎、舌炎、物が飲み込めなくなるなどの症状が出ます。

### シェフレラ

ウコギ科シェフレラ属の植物の総称でカポックとも呼ばれます。よだれ、口や舌の炎症、嘔吐などを引きおこします。同じウコギ科のアイビーも有害。

### ポトス

サトイモを洗うと手がかゆくなるのは、シュウ酸カルシウムが含まれているからです。サトイモ科のポトスにも多く含まれていて、猫の口や皮膚に炎症をおこします。

### スパティフィラム

白い花と濃いグリーンの葉が美しいスパティフィラムも、ポストと同様にサトイモ科です。よだれ、口内炎、嘔吐、皮膚炎などの原因になります。

※ほかに、アロエ、ポインセチア、カロライナジャスミン、セイヨウキョウチクトウ、カラジウム、ゴムノキ、ゼラニウム、サンセベリヤなども猫に有害な植物です。

## 🐾 猫に安全な観葉植物

猫が口に入れても安全といわれている観葉植物です。安全といはいえ、むやみに与えるようなことは避けましょう。

### パキラ

「お金のなる木」とも呼ばれる、育てやすい観葉植物です。ただし、種子には、ジャガイモの新芽と同じ毒があるので、注意してください。

### タマシダ

細い切り込みの入った葉が重なってしだれる形がさわやかな観葉植物。ホルムアルデヒトを除去し保湿効果もあるといわれています。

### アレカヤシ

マイナスイオンを放出する植物として人気があります。大きくてボリュームがあるので、広いスペースが必要です。

### ペペロミア

肉厚の葉が愛らしいコショウ科の植物で品種によっては葉が香辛料になります。小ぶりでテーブルの上にも置けて、斑入り葉などおしゃれなものが豊富です。

# 薬を与える

嫌がる猫に薬を飲ませるのはつらいかもしれませんが、猫の病気や不調を治すためにも、コツを覚えて素早く投薬できるようにしたいですね。

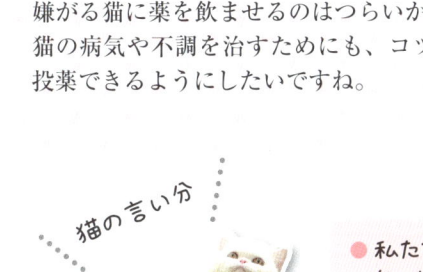

猫の言い分

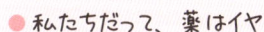

- 私たちだって、薬はイヤ
- 気づかないように飲ませてくれるといいな
- それが無理なら、コツをつかんで、なるべくラクに飲ませて
- せっかく飲むんだから、よくなるように、ルールを守ってね

## 服用の回数、分量、期間を守る

苦労して薬を飲ませるのに、飲ませ方がいい加減で、効果が出ないのでは困ります。薬を飲ませるのは治療のひとつ。獣医の指示をきちんと守りましょう。

## 猫だって薬は嫌い 飲ませ方を工夫しよう

どんな飲ませ方がよいかは、猫のタイプによっても違います。飼い主と猫の連携プレイで、いちばん負担が少なく、ラクに飲めるパターンを見つけましょう。

### 種類別飲ませ方のポイント

| 錠剤 | カプセル | 散剤 | 液剤 |
|---|---|---|---|
| **特徴** | **特徴** | **特徴** | **特徴** |
| 薬の量を正確に与えることができ、慣れれば短時間で飲ませられます。飲めたと思っても、あとで吐いたり、飲ませるときにかまれることがあるので注意。 | まずい薬でも味が隠せ、基本は錠剤のように飲ませることができます。ただ、錠剤より口の中にはりつきやすく、カプセルをかむとまずい薬が口の中に広がってしまいます。 | 水に溶いて飲ませたり、フードに混ぜて与えることができます。こぼれたり、猫がフードを残したりすると、量が不正確になります。 | シロップ自体に猫が好きな味がついていると、飲ませやすいようです。ただ、シロップで処方される薬はまだ種類が多くありません。こぼれると量が不正確になるので注意。 |
| **飲ませ方** | **飲ませ方** | **飲ませ方** | **飲ませ方** |
| 片手で猫の頭を持ち、薬を持った手で口を開けて、口のなかに入れます。 | 錠剤と同じです。 | 水に溶いてシリンジ（針のない注射器）に入れ、シリンジの先を犬歯の後ろにさして飲ませます。 | 散剤を水で溶いて飲ませる方法と同じで、シリンジを使います。 |

**顔を上向きにする**

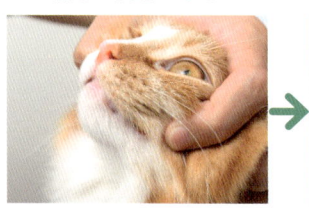

まず猫の体をしっかりおさえ、顔を斜め45度ぐらいの上向きにします。

**犬歯の間に指を入れる**

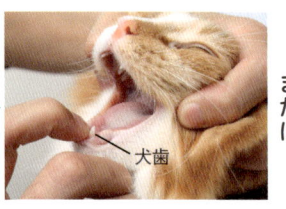

犬歯

下あごの犬歯の間に指を入れて口を大きく開けます。

または

**犬歯の両脇に指を入れる**

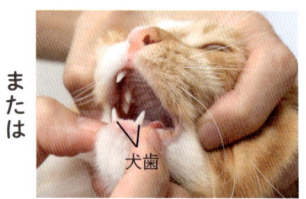

犬歯

犬歯の両脇に指を入れて開けても。やりやすいほうでOKです。

## Let's care!

## 錠剤を飲ませる

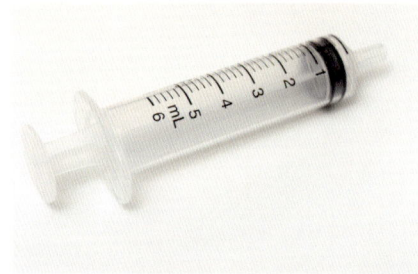

**1** シリンジを用意して、1㎖程度の水を入れておきます。

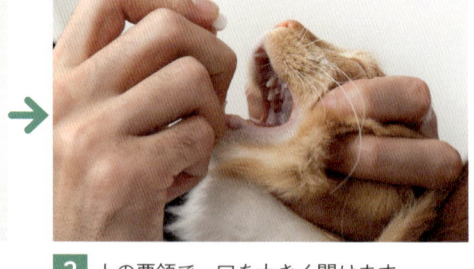

**2** 上の要領で、口を大きく開けます。

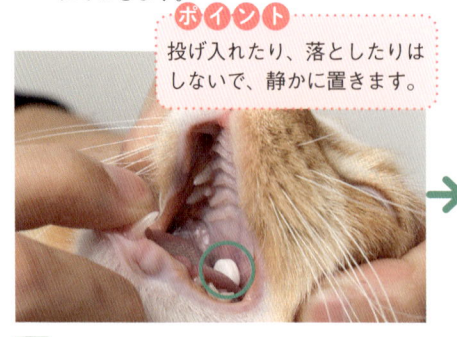

**ポイント**
投げ入れたり、落としたりはしないで、静かに置きます。

**3** 舌のつけ根の中央に錠剤を置きます。

**ポイント**
水はぶどう糖液やヨーグルト水など甘めのものにしても可。

**4** 口を閉じ、シリンジの先を犬歯の脇から入れて水を飲ませます。

## カプセルを飲ませる

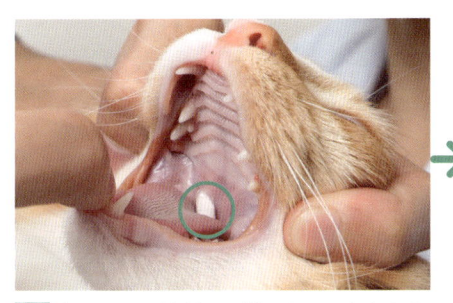 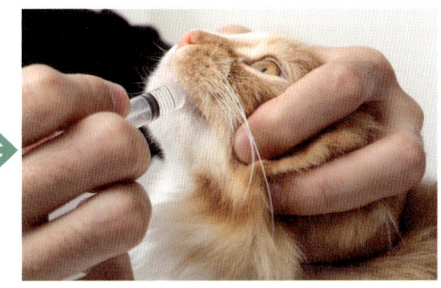

**1** 左ページの錠剤と同様です。口を大きく開けさせて、カプセルを舌の根元の中央に置きます。

**2** シリンジで水を飲ませます。

## 散剤を飲ませる

三角に切る

薬

**1** 散剤の薬袋を三角に切り、1mℓの水をシリンジでそそぎます。

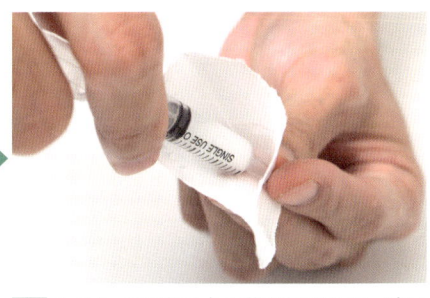

**2** シリンジの先で水と薬を混ぜます。溶けきらなくても大丈夫です。

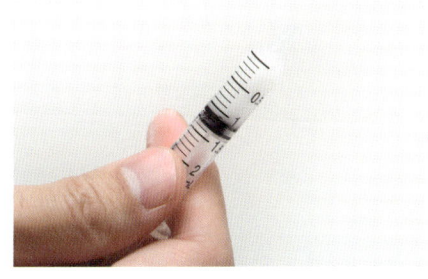

**3** シリンジに水に溶かした薬を入れます。

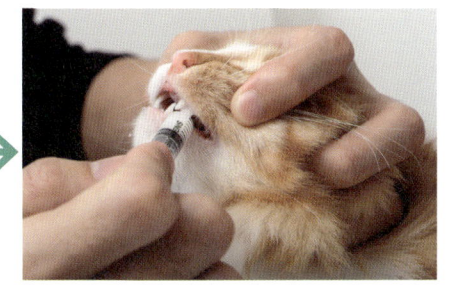

**4** 犬歯の脇にシリンジの先をさして飲ませます。

Chapter4

薬を与える

173

## |||||||||||||||||||||||| Let's care! ||||||||||||||||||||||||

### 点眼薬を打つ

**ポイント**
目の近くに容器があると、猫が
びっくりして動いたときに、容
器で目を傷つけてしまうことが
あるので容器と目は離します。

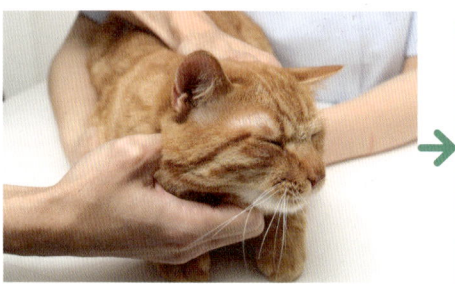

**1** まずは、顔マッサージでリラックスさせ
てあげましょう。

**2** 顔を上げ、点眼薬を上のほうから垂らし
ます。

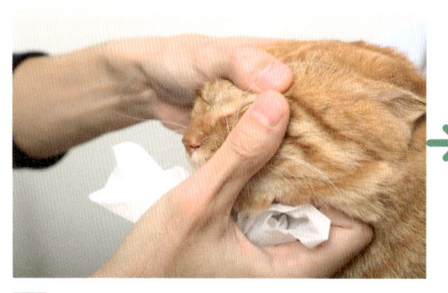

**3** 垂らしたら目を閉じて、軽くマッサージ
をして薬をなじませます。

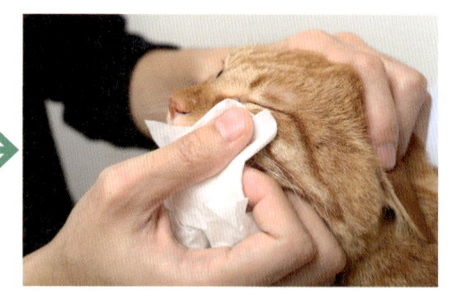

**4** きれいなティッシュなどで、薬のあふれ
を拭きとります。

### 点耳薬を打つ

**1** 点耳薬を綿棒につけます。

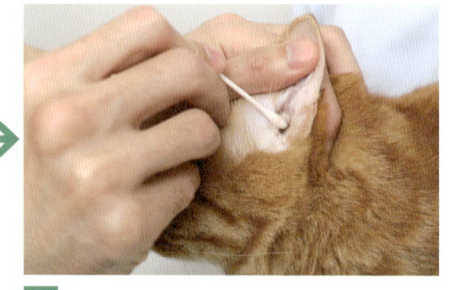

**2** まず、耳の外側からつけていきます。

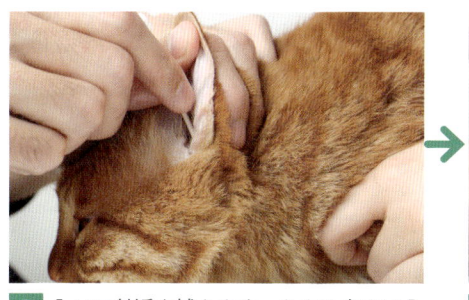 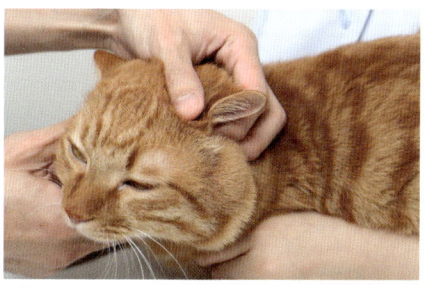

**3** 入り口付近を拭きます。あまり奥まで入れなくてもOKです。

**4** 耳のつけ根をマッサージして薬をなじませます。

## こんなときどうする？

### Q うまく猫をおさえることができません

次の方法で、バスタオルで体をくるみます。

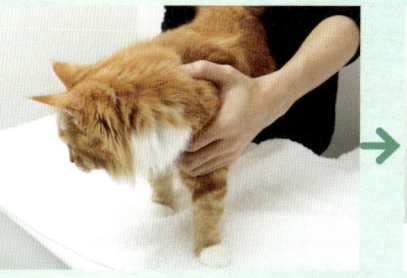 

**1** バスタオルを広げ、中央に猫を置きます。

**2** ぐるっとくるみます。

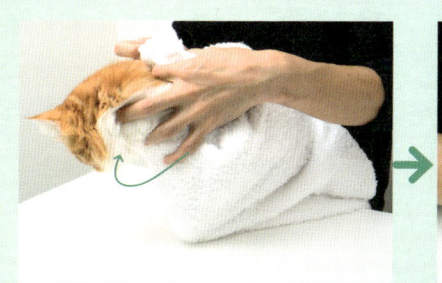 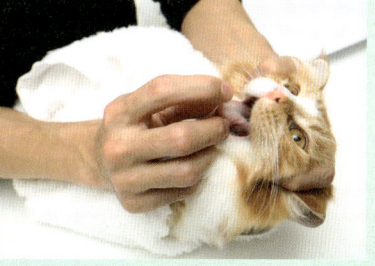

**3** さらに胸のあたりの余っているバスタオルを合わせて、首の位置でぐるりと巻きつけます。

**4** この状態で顔を固定して口を大きく開け薬を飲ませます。

# 太りすぎた猫の
# 体重管理をしよう

体重 4 kg だった猫が、もし 5 kg になったら 40kg の人が 50kg になったのと同じ感覚です。小さな数字が猫には大きいのです。

猫の言い分

- 目の前に、おいしいものがあったら食べるよ
- 食べる量なんて、考えないし。でも、体が重く感じるんだよね
- 病気になるのも嫌だし、食べていい量にちゃんとコントロールしてね

## 太りすぎた猫のリスク

人と同じように、猫にも肥満のリスクがあります。体の重みで関節に負担がかかったり、病気にもかかったりしやすくなります。適正な体重の維持が長生きの秘訣です。

## 太らせないために守りたいこと

### 1 食事は規則正しく与える

時間がばらばらだと、おなかの減り方もばらばら。たくさん食べたり、食べなかったりと量も不規則になります。

### 2 適正なカロリーを測って与える

フードによって、カロリーが違います。単純に量、重さではなく、カロリーを計算しましょう。

### 3 運動できる環境を作る

食べる量だけでなく、消費カロリーも大切です。とくに猫が上下運動を楽しめる環境作りをしましょう。

## 太りすぎが原因でかかりやすくなる病気

### 心臓病

人の肥満と心臓病の関係ほど、明確にリスクがわかってはいませんが、やはり心臓に負担はかかると考えられます。

### 糖尿病

猫の糖尿病のほとんどが、血糖値を正常に保つインシュリンが、十分に作用しなくなることからおこります。肥満になると、インシュリンが作用しにくくなります。（→ P.163）

### 皮膚病

太りすぎると、おしりの周辺に口が届かないなどグルーミングにも苦労します。皮膚が不潔になり、皮膚病の原因になります。（→ P.160）

### 脂肪肝

太った猫が、急に食べなくなったときにおこりやすい病気です。空腹状態が続くことで、肝臓に脂肪がたまり肝臓の機能が低下します。（→ P.161）

# 肥満度を測定してみよう

肥満度の測定の仕方にはいくつかの方法があります。FBMI は、人間でいう BMI で、人間は身長と体重から出しますが、猫は胸まわりとひざからかかとまでの長さで割り出します。

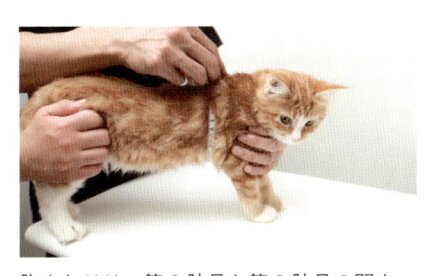

胸まわりは、第8肋骨と第9肋骨の間を一周測ります。太っているとけっこう肉がついています。

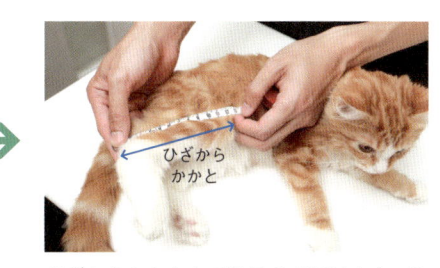

ひざからかかとまでの長さを測ります。ここのサイズはどんなに太っていても影響されません。

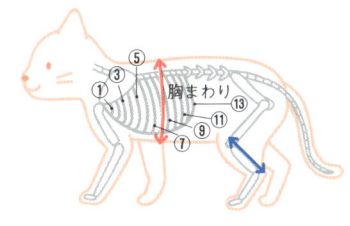

上のイラストを見て、骨を触りながらやると正確に測れます。肋骨は後ろから数えたほうが間違えにくいようです。右の表に数字を当てはめます。

## 🐾 FBMI

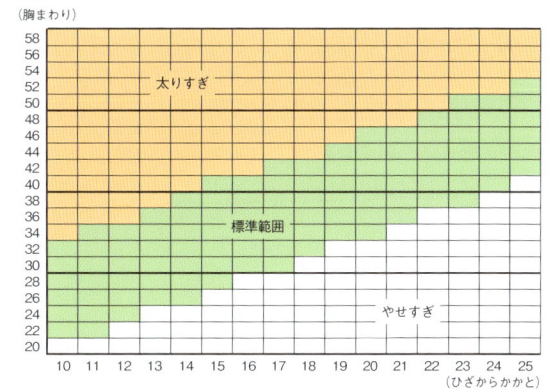

（胸まわり）

太りすぎ / 標準範囲 / やせすぎ

（ひざからかかと）

## 🐾 見た目で判断するときは

| | 標準 | やや太りぎみ | 太りすぎ |
|---|---|---|---|
| 真上から見たとき | 腰に適度なくびれがある | 腰にくびれがほとんどない | 腰のくびれがあきらかにない |
| 真横から見たとき | おなかのラインがほぼ地面と平行 | おなかのラインが地面側にたるんでいる | おなかのラインがたるんで地面につきそう |

**体重を減らすための環境作りと食事の与え方**

体の小さな猫に、急激なダイエットは負担になります。時間がかかることを頭において、猫にストレスにならないように、進めていきましょう。

## Step 1 消費カロリーを増やす

まずは、少しでも体を動かす時間を増やすことからスタートします。

**おもちゃで遊ばせる**

遊んで、楽しく体を動かせば、筋肉量も増えて、基礎代謝もよくなります。

**猫だけでも遊べる遊具を置く**

自動で回転するもの、自動で動くものなどを設置して、体を動かす時間を増やします。

キャットイット スーパーサーキット /
スクラッチャー / Ⓓ

猫はもともと、上下に運動するのが好きなので、キャットタワーの設置も有効です。

キャットランド
CLF-7 グリーン / Ⓒ

## Step 2 目標カロリーを計算する

獣医と相談のうえで決めます。ここでは P.67 でご紹介した RER 値を基本に計算してみます。

**体重 5kg のトラにゃんの場合**

### 1 RER 値を出す

30 × 5（現在の体重・kg）＋ 70 → RER=220

### 2 1 日のエネルギー量を出す

220 × 0.8（※）=176

1 日のエネルギー量は、176kcal（a）

※ RER（安静時エネルギー必要量）は「健康で正常な状態で、気温が中くらいの環境で安静にしているときのエネルギー要求量」とされています。この場合は、30 ×体重 kg+70 の数値に、減量中 0.8 の係数をかけます。

### 3 1 日のフード量を出す

> ダイエットフード　100g = 300kcal の場合

公式 B

a = 176kcal（ 2 で出した数値）
176 ÷ 300 × 100 = 58.7

> **トラにゃんは 1 日 58.7g の
> ダイエットフードが食べられる！**

## Step 3 満腹感の高い食事をさせる工夫

太りすぎになる猫＝食欲旺盛な猫です。空腹がストレスにならないように、なるべく満腹感を与えてあげる工夫が必要です。

### 1 カロリーの低いフードに替えて、満足感を与える

| ダイエット用療法食 | 100g の カロリー | 総合栄養食 |
|---|---|---|
| 約 300kcal | | 約 380kcal |
| | 100kcal の フード量 | |
| 32.5g | | 26g |

ダイエット療法食にすることで、結果としてフードの量が増えて満腹感を得ることができます。

### 2 ウェットフードを利用する

| ドライフードの 100kcal | ウェットフードの 100kcal |
|---|---|
| 32.5g | 145g |

ウェットフードは、ドライフードよりも水分が多いので、より満腹感を得られます。

### 3 小出しにして食事の回数を増やす

| 1日2回 | 1日4回 |
|---|---|

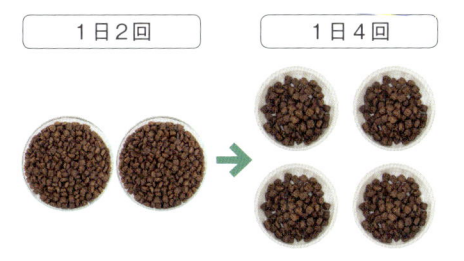

1回の量は少なくても、回数が増えることで、空腹感が減ります。

### 4 ゆっくり食べさせる

ドライフードを少しずつ手から食べさせると、ふれあいの満足度もプラスされます。

転がすと少しずつフードが出てくるおもちゃは、ゆっくり食べるのにも効果的です。

# Step 4 徐々に体重を減らす

猫のダイエットで、一定のペースで体重が減っていくことはほとんどありません。急激なダイエットは危険なので、時間をかけて徐々に減らしていきます。

 現在体重5kg  目標6カ月で約4kg

## 1 1週間の目標を マイナス1〜2%にする

| 期間 | 目標 | 期間 | 目標 |
|---|---|---|---|
| 1週目 | 4.95kg | 3カ月目 | 4.55kg |
| 2週目 | 4.90kg | 〜 | 〜 |
| 3週目 | 4.85kg | 4カ月目 | 4.35kg |
| 4週目 | 4.80kg | 〜 | 〜 |
| 2カ月目 | 4.75kg | 5カ月目 | 4.25kg |
| 〜 | 〜 | 〜 | 〜 |
| | | 6カ月目 | 4.05kg |

多くの場合、ダイエット後半になると、体重が減るペースが落ちてきます。ペースに合わせてフードの量を見直していきます。

## 2 体重を量って記録をつける

0.01kgまで量れる体重計を使うと、少しの減量もわかり、モチベーションが上がります。ベビースケールがおすすめです。

ダイエットを始めたら、週に1回は体重を量り、記録をつけます。設定した目標と比べながら、やフードの量を決める目安にしましょう。

# Step 5 リバウンドを防止する

ダイエットで、カロリーの低い療法食に慣れたら、そのまま同じ物を食べさせるほうがよいでしょう。リバウンドしにくくなります。

## 1 週間ごとに1日のカロリーを 1%ずつ増やす

いきなり標準の量に戻してしまうとリバウンドして、ダイエットの苦労が水の泡に。まず、体重を維持できる量にまで、カロリーを週に1%ずつ増やします。

1週間で
176kcal ⇒ 178kcal

（フード量）
58.7g ⇒ 59.3g

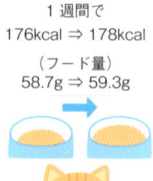

## 2 体重が下がらなかったときの、 フード量を基準にする

ダイエットの記録を見直してみましょう。体重が減らなかった時期があるはずです。そのときのフードの量が、体重を維持できる量の目安になります。

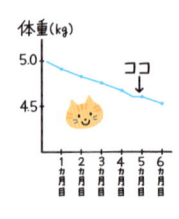

## こんなときどうする？

### Q 体重が減らない。むしろ増えた！

**1 最初の設定に問題があった**

肥満度評価やカロリーの計算が、適切でなかったことが考えられます。肥満度評価を見直し、それに合わせてカロリー計算をやり直してみましょう。

**2 別におやつやごはんをもらっている**

家族以外に、別に食べものを与えている人がいたり、外で近所の人に何かをもらっていたり、狩りをしている可能性も。決まった量以外、食べさせない対策をしましょう。

**3 ホルモンの病気にかかっている**

ホルモン性の病気、高プラクチン血症、末端肥大症などで、やせにくくなっている可能性もあります。ほかに理由がなければ、獣医に相談してみましょう。

**4 理由が見当たらない場合**

上記の可能性をチェックして、すべてあてはまらない場合、1日のカロリー量を5～10％下げてみましょう。それでも体重が落ちなければ、もう一度上記3点を確認します。

#### 多頭飼いでのダイエットは難しい！

肥満傾向の猫は、それまで、ほかの猫のぶんのフードを余分に食べていた可能性があります。ほかの猫が食べている場所には、ダイエット中の猫は入れないようにしましょう。

マイクロチップで判断してその猫が近づいたときのみフタが開いてフードを食べることができます。多頭飼いで療養食中の猫にもおすすめです。
シュアーフィーダー マイクロチップ / Ⓔ

### Q ストレスでイライラしている！

ダイエットで空腹状態が続き、じっと空の食器の前に座り込んでいたり、ごはんをちょうだいと鳴き続けたり、布や段ボールなどを食べてしまうこともあります。フードの種類や出し方（→ P.179）を工夫して、満腹感のある食事を心がけましょう。遊ぶことで、気が紛れるタイプの猫なら、一緒に遊べば、消費カロリーも増えて、一石二鳥です。

# 猫のストレスサイン
# に早く気づこう

ストレスを感じた猫は、普段と違う行動をとったり、特徴的な行動で、そのストレスを表現しています。サインに気づいて、解消してあげましょう。

猫の言い分

● 私たちにとってのストレスは、不快なこと。音やにおい、環境の変化とか、いろいろあるんだ
● ストレスが続くと、体の調子まで悪くなるかも……原因を見つけて、快適な状態にしてね

## 猫のストレスサイン

急に今までしなかったことをしている、していたことをしなくなるのは、ストレスや病気の可能性があります。様子をよく見ることが大切です。

### ごはんを食べない

急にフードを食べなくなることもあります。食事が気に入らないほか、何か別にストレスがあることも。

### 粗相をする

消化器系や泌尿器系の病気の可能性もあります。多頭飼いでは、ほかの猫との関係で、マーキングをしたり、トイレを自由に使えないこともあります。

### よく鳴く

普段はあまり鳴かない猫がよく鳴いたり、いつもより大きな声を出したりしているのは、不快を訴えていると考えられます。

### 狭いところに隠れたがる

不快なことを避け、落ち着ける場所を求めています。狭いところにぴったりと体を入れるのは、周囲を警戒しているサイン。

### グルーミングし続ける

気持ちを落ち着かせるための行動なので、常にグルーミングをしているのは、落ち着けない状況にあると考えられます。

### 布を食べる

ストレスから布や段ボールなどを食べることがあります。十分母猫に甘えられなかった猫に多いともいわれています。

# 猫がストレスを感じる原因

猫がストレスを感じるのは、まわりが猫にとって快適でない状態にあるときです。人の態度や環境の変化も大きな原因になります。

ストレス度： ■ 少しストレス　■■ けっこうなストレス　■■■ 精神的なダメージにつながる強いストレス

## ■ 部屋が暑い、寒い

猫が快適と感じる温度は、人よりやや高めです。とくに、床やベッドなど、体に直接触れる場所の温度が大切です。また湿度が高いのも苦痛です。

## ■ かまってもらえない

かまわれるのが嫌なときもあれば、甘えたいときもあります。適度な関係が大切です。

## ■■ 長期間の留守番

猫は、1泊2日くらいまでなら環境を整えておけば留守番できますが、長期間で、慣れないシッターさんなどが来る場合は、ストレスを感じます。

## ■■■ ホテルに預けられる

世話をしてくれる人も周囲の環境も変わります。慣れるまで時間がかかります。

## ■■ かまいすぎ

くつろぎたいときに触り続ける、過剰なブラッシングやシャンプーもストレスに。

## ■■ 部屋の模様替え

毎日、自分のテリトリーをチェックする猫は、その環境が急に大きく変わると、戸惑い、ストレスを感じます。

## ■■■ 引っ越し

引っ越しの作業がまずストレスに。新居では環境ががらっと変わるので、戸惑います。

## ■■■ 小さな子ども

追いかけてきて、無理やり触ったり抱っこしたりする、急に大きな声を出したり、走り出したりして猫を驚かせるなど、小さな子どもの行動は、猫のストレスになります。

## ■ 掃除機の音

耳のよい猫には、掃除機の大きな音は不快です。ただ、逃げれば避けることができるぶん、工事の騒音などよりはストレス度は低くなります。

## ■■ 病院

病気そのものや診察のほか、病院のにおいや、知らない人や動物がいることも原因に。

## ■■ 来客が多い

知らない人が来るのも環境の変化ですが、来客が多い家では、次第にその環境に慣れていきます。でも突然触られたり、抱っこされるのは不快です。

## ■■■ 多頭飼い初期

ケンカが続く場合や、力関係に差があり、1頭がいじめられたりすることがあります。

できるだけストレスの原因を作らないことが大切ですが、引っ越しや長期の留守など人の都合もあります。その場合は、少しでも猫のストレスを軽減させる方法を考えましょう。

### 部屋の模様替え

猫がひとつの小さな変化に慣れたら、次の小さな変化へというように、一度にすべて変えるのではなく、少しずつ時間をかけて進めましょう。

### 病院

キャリーの中に、猫のにおいのついたタオルや好きなおもちゃなどを入れ、落ち着ける環境にしましょう。診察後はごほうびにおやつをあげます。

### 長期間の留守番

急にシッターさんや留守を頼む人にすべてをあずけるのではなく、出かける前に何度か来てもらい、飼い主も一緒に、慣れる時間を作りましょう。

### 引っ越し

引っ越し作業中は、お風呂場などなるべく静かな場所に、キャリーや段ボールなどを置き、落ち着ける環境を作ります。新居の家具の配置は、以前と同じにすると慣れやすいでしょう。

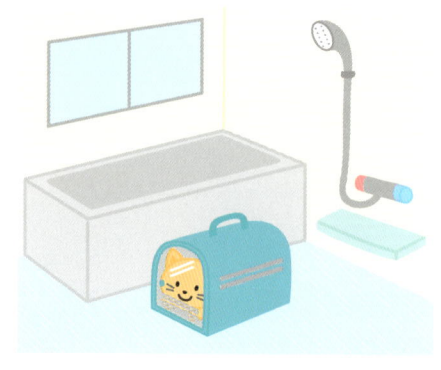

## こんなときどうする？

## Q ストレスの原因が見つからない！

思い当たる原因（→ P.183）をすべてチェックし、とりのぞいても、ストレスサインを出し続けているとしたら、まだ何か猫にとって不快なことがあるはずです。もう一度、猫が生活する環境を見直してみましょう。

### 病気の場合もある

食欲不振、粗相、過度のグルーミングなど、ストレスサインの原因が、病気のこともあります。ストレスと自己判断して、病気を見逃しては大変です。ストレスの原因がわからず、問題のある行動が続く場合は、獣医に相談することも大切です。

### 1 音やにおいをチェック

近所の工事の音が気になる、消臭剤や飼い主の服の洗剤・柔軟剤のにおいが嫌いなど、不快な音やにおいがある可能性があります。

### 2 トイレを清潔に

トイレから出ると突然走り出す、ドーム型のトイレのカバーの部分をひっかくようにこすり続けるなどの行動は、トイレが臭かったり、狭かったりする可能性があります。

### 3 フードの内容を見直す

猫には、気に入った同じフードを食べ続けるタイプと、フードにバリエーションを求めるタイプがいます。フードが気に入らないから食べないこともあります。

### 4 新しい遊具を置く

退屈が原因という可能性もあります。新しい遊具で刺激を与えることで、元気になるかもしれません。

### 5 猫との接し方を見直す

猫が寄ってきたときには忙しくて相手をせず、眠っているときに、なでまわして起こすなど、かまうタイミングが猫の状態と合っていないこともあります。

### 6 猫が嫌がっているサインをキャッチ

なでるのが長かったり、下手だったりすると、しっぽを横に振ったり、耳を倒したりして、嫌がります。サインを見逃さず、対応しましょう。

### 「もう嫌」サインを見逃さないで！

抱っこをしたとき、しっぽを大きく振る、足を突っ張るのは「下ろして！」のサイン。嫌がっていることを続けると、突然かむなど、攻撃的になることもあります。

# 災害から
# 猫を守ろう

地震や台風、火事などの災害のとき猫と一緒に落ち着いて避難し、緊急事態から猫を守れるのは飼い主です。必要なものを準備し、心得ておきたいルールなどは事前に勉強しておきましょう。

Ⓐ

## 備えておきたい猫のための避難グッズ

災害や避難時の状況によっては、すべて持ち出せないこともありますが、必要なものは、日ごろから準備しておきましょう

### キャリー、ポータブルケージ
日常的に、猫の居場所にしておきましょう。(→ P.189)

Ⓓ

### 水
猫の場合、2ℓ程度あれば大丈夫でしょう。

Ⓚ

### フード
避難が長期にわたる場合、支援も行われるので、当座必要な3日〜1週間分ほどを用意します。/ Ⓒ

### ポータブルトイレ
車で移動するなど、運べるようであれば持っていきます。

Ⓓ

### 器
食事用、水用の器を用意します。/ Ⓚ

### 猫砂
砂は必ず必要になるので、トイレが無理でも持っていきましょう。

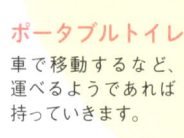

### ベッド
移動に便利な折りたたみ式のベッドを準備しておくと便利です。

Ⓔ

猫の言い分

● 怖いときは、いつも落ち着ける自分の居場所に逃げるよ
● おびえて、パニックになってしまうことだってある
● 避難グッズは私たちのぶんも用意してね
● もしはぐれてしまっても、見つけられるようにしておいて

## 猫の性格を把握しておく

多少のことには動じない猫もいれば、怖がりな猫もいます。おびえやすい猫の場合、キャリーを安心できる、逃げこめる場所にしておけば、一緒に避難しやすくなります。

## 迷子防止対策をしておく

どこかに隠れてしまい見つからないなど、一緒に逃げられない可能性もあります。迷子札をつけたり、マイクロチップ（P.189）を利用するなど、再会できる対策をしておきます。

### ハーネスとリード
避難所などの環境によっては、猫の行動をコントロールする必要があります。／Ⓚ

### 組み立て式パーテーション
避難所で、猫を落ち着かせるために使います。段ボールでも代用可。／Ⓕ

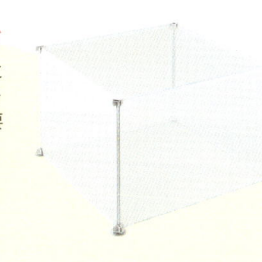

### お気に入りのおもちゃ
猫をリラックスさせます。キャリーに入れておいてもよいでしょう。

### グルーミング用品
多くの人や動物と生活することになるかもしれないので、抜け毛や爪をケアできるものを。

Ⓒ

### 迷子札のついた首輪
慣れない避難所で過ごす猫が、何かのきっかけで逃げてしまうこともあるかもしれません。猫の名前、飼い主の名前と連絡先を書いた、迷子札をつけておきます。

Ⓚ

## Memo

### その他 用意しておきたいもの

**猫の薬**：日常飲んでいる薬があれば、持っていきます。
**猫の健康情報**：ワクチン接種の証明書や、動物病院でもらう健康記録などがあれば、持っていきます。避難所で、初めての獣医に診てもらうときに、手がかりになります。
**ゴミ袋・ポリ袋**：トイレの処理、まわりを汚さないように、食事や水の器の下、トイレの下に敷くなど。
**脱脂綿・ガーゼ**：ケガなどの対処用に準備しておきます。
**飼い主のにおいがついた衣類**：そばに置いておくと、猫が安心できます。
**スポイト**：ストレスで、猫が水を飲まなくなったとき、飲ませるのに便利です。さまざまな使い道があります。
**猫が気に入っているバスタオルや毛布など**：猫を落ち着かせ、安心感を与えます。パニックをおこしたときには、バスタオルや毛布でくるんで、そのままキャリーに入れます。

## 避難中のポイント

初めての場所、知らない人の声とにおい……、猫にとって避難生活は苦痛の時間。少しでも落ち着いて過ごせるように気遣いましょう。

### 1 段ボールなどで囲み、落ち着かせる

避難所では、段ボールでキャリーのまわりを囲むと、目隠しになります。周囲の人にも迷惑をかけず、猫も落ち着くことができます。

### 2 キャリーからは無理に出さない

キャリーに閉じこもっているのは、まだ周囲におびえているからです。出たければ出られる環境にして、落ち着くのを待ちましょう。

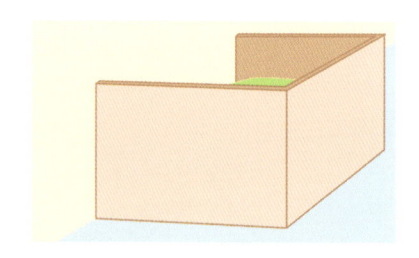

### 3 落ち着いたらフードや水を

キャリーから出て来る、顔を出すなど、猫が落ち着いたら、フードや水を出します。猫が自分から食べるのを待ちましょう。

### 4 首輪やハーネスをつけて迷子防止を

慣れない避難所で、はぐれてしまっては困ります。基本的にはハーネスやリードで行動をコントロールしましょう。

## ニャンとも情報局

### 自治体の「地域防災計画」をチェック！

多くの自治体が、災害時に負傷したり、放し飼い状態になったりした動物や、飼い主とともに避難所に避難してくる動物について、動物愛護の観点から対応するとしています。

『ペットの飼い主のための防災手帳』
神奈川県川崎市発行

各自治体が、避難所でのペット対応マニュアルを作成したり、防災マニュアルにペットについて記述をしたりしています。役所のホームページなどで確認しておきましょう。

## 普段から慣れさせておきたいこと

非日常の状態に置かれれば、ほとんどの猫はパニックを起こします。日ごろからその猫に合った対策方法を考えておきましょう。

### ① 移動用キャリーを猫の居場所のひとつにしておく

小型の自立式のキャリーを、フタを開けた状態で、猫が好きな場所に置いておきます。日常的に、安心できる居場所にしておけば、逃げるときも、避難所でも便利です。

キャリーに慣れれば、病院などのお出かけにも抵抗感がなくなります。
猫壱ポータブルキャリー / Ⓓ

### ② 首輪やハーネスは子猫からスタートするとスムーズ

避難所などで、初めて首輪やハーネスをつけるのでは、猫も嫌がります。はずそうとして暴れる猫もいるでしょう。新しいものを受け入れやすい子猫のうちから、日常的に慣らしておきましょう。

災害時の避難を想定して、ハーネスやリードをつけ近所を散歩しても。ただし、猫のストレスにならない範囲内で行いましょう。

### ふわもこ学 マイクロチップについて

直径2mm程度のマイクロチップを、動物病院で、専用の器具を使ってうめこみます。チップには15桁の番号が入っていて、動物病院や保健所、動物保護施設には、番号を読みとるリーダーとデータベースがあります。確実に身元がわかり、猫の体にも負担のない安全な方法です。

### 協力しないで

我が家の姉妹猫——
何度首輪をつけても
とっても　なかよし

今助けるニャン！
ありがとう
カジカジ

まかせろニャ！
ブチッ
私のもっ

首輪やハーネスをはずそうとする
もーっ　はぐれたら会えなくなっちゃうんだよっっ！
何本目よ！
スッキリ♥

# 猫から人にうつる病気に注意しよう！

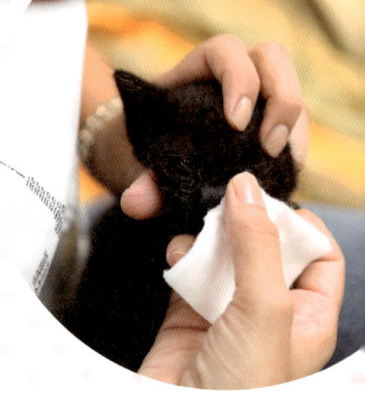

「ペット感染症」と呼ばれる、猫から人にうつる病気があります。知識をもって正しい距離感で、猫とつきあっていきましょう。

猫の言い分

- 私たちのせいって言われてもねえ
- 人から猫にうつる病気だってあるんだよ
- 私たちがかわいいからって実はキスも NG なんだよ！
- 菌やウイルスが原因だから、清潔第一に

## 手洗いをまめに行おう

正しい知識をもっていれば、感染して重症になることはまれです。手洗いやうがいをきちんとし、部屋の風通しをよくして、猫のよくいる場所やベッドは掃除を徹底しましょう。猫がかわいくても、キスは NG です。猫の口の中にいる菌から感染する病気があります。人が使っている箸で猫の食べ物にふれても、感染する場合があります。

Chu

ふわもこ学

### 人から猫にうつる病気はある？

人間の便や吐しゃ物から、猫が感染する可能性はあります。しかし、ほとんどは問題になることはありません。理由としては、人間のほうがはるかに衛生的な生活をしているので、病原体が広がるリスクが少ないということ、さらに、感染したとしても、猫には症状の出ない病気がほとんどだからです。

---

### ( パスツレラ病 )

**人の症状**

◎傷口や患部が痛む　◎リンパ節が腫れる
◎気管支炎など呼吸器系の疾患

**猫の症状**

菌をもっていても無症状

**人の感染経路と対処法**

猫にかまれたり、ひっかかれたりしたときや、キスなど過剰な接触をしたとき、猫の口や爪にいるパスツレラが原因で感染します。猫とのつきあい方で、防ぐことができます。

## ( 皮膚糸状菌症 )

**人の症状**

◎フケ ◎かゆみ ◎皮膚が赤くなる ◎脱毛

**猫の症状**

猫の感染経路と対処法 →P.160

**人の感染経路と対処法**

皮膚糸状菌というカビが、皮膚や毛根に感染します。感染している猫と接触したり、猫のベッドなどから間接的にうつります。部屋の風通しをよくし、菌の繁殖を防ぎましょう。

## ( トキソプラズマ症 )

**人の症状**

◎健康な人なら無症状か軽い発熱 ◎妊娠中の女性は、まれに胎児に悪影響が出ることがある

**猫の症状**

猫の感染経路と対処法 →P.163

**人の感染経路と対処法**

猫のウンチの中のトキソプラズマという原虫が、人の口に入ることで感染します。トイレ掃除のあとは、必ず手を洗いましょう。

## ( 疥せん )

**人の症状**

◎強いかゆみ ◎発疹

**猫の症状**

猫の感染経路と対処法 →P.160

**人の感染経路と対処法**

ヒゼンダニというダニが原因の皮膚病です。感染した猫に触れたり、猫の毛から落ちたダニによって感染します。ダニを殺す薬で治療するとともに、室内の清潔を徹底します。

## ( 猫ひっかき病 )

**人の症状**

◎傷口に発疹や膿 ◎傷口近くのリンパ節が腫れる ◎発熱

**猫の症状**

菌をもっていても、何も発症しない無症状

**人の感染経路と対処法**

猫にかまれたり、ひっかかれたりしたときに、猫の体の中にあるバルトネラ菌が人の体に入ります。傷口をすぐに消毒しましょう。

## ( サルモネラ症 )

**人の症状**

◎腹痛 ◎嘔吐 ◎下痢 ◎発熱

**猫の症状**

無症状 免疫力が低下している場合は下痢、嘔吐、食欲不振など

**人の感染経路と対処法**

食中毒をおこすサルモネラ菌が原因です。小さな子どもは重症になる危険があります。感染した猫のウンチが口にふれたり、ペットフードが原因になることも。トイレ掃除や猫の食器に触ったあとは、手を洗いましょう。

# 猫アレルギーって どんなアレルギー？

猫の毛やフケなどが原因でおきるアレルギーです。猫に触れなくても、空気中にただよっている細かな猫のフケや抜け毛に反応して症状が出る場合もあります。

## 具体的な症状

目がかゆい、充血する、鼻水やくしゃみが出る、のどが痛い、せきが出る、体がかゆい、呼吸が苦しいなど、目、鼻、のど、皮膚の症状がさまざまです。

## 猫を飼う前に検査を

病院で、猫アレルギーの有無を調べる血液検査ができます。猫を飼う前に検査すると安心です。症状がひどいと、飼い始めた猫を手放す結果になるかもしれません。

## アレルギーを防ぐ、重症化させないためのポイント

猫と幸せに暮らすためには、アレルギーにならないようにすること、アレルギーを重症化させないことが大切です。アレルギーに対しての意識をもった生活を心がけましょう。

### ① 猫に鼻を近づけない

アレルギーの可能性のある人は「猫吸い」もNGです。

ぎゅむー

NG

猫を抱っこしたり、鼻を近づけると、アレルギーの原因となるフケなどが体に入る可能性が大きくなります。

### ② 掃除を徹底する

ペット用軽量スティッククリーナー
PIC-SLDC1-W ホワイト / ©

こするだけで抜け毛を集めるお掃除スポンジ「ペトリ」 / Ⓓ

猫のフケや毛などが溜まりやすい、寝具やカーテンなどの布類の清潔を保ちます。凹凸のある目の細かいカーペットなどは避け、掃除を徹底して、原因になるものを減らします。

# 高齢猫と暮らす

フードの栄養バランスがよくなったこと、家
猫が増えて外から病気をもらうことが少なく
なったことなど、さまざまな理由で猫の長寿
化が進んでいます。長生きはうれしいことで
すが、介護が必要になることもあります。基
本的な知識は得ておきましょう。

# 老化のサインに気づこう

できるだけ長く一緒に猫と暮らしていたい。そのためには、猫も老化することを覚悟し、日々の様子をよく見てきちんとしたケアをしていきましょう。

猫の言い分

- 10歳くらいから、高齢猫だね。若い頃に比べると、体力も気力も衰えてくるよ
- 見た目や、行動にも変化が表れるから、そのサインを見逃さないでね

## 老化の兆しは猫によっていろいろ

飼い猫の寿命が延びている今、老化の兆しが見られるのは10歳くらいからといわれます。早い猫ではその前から始まりますが、健康状態や環境によって、老化のペースも変わってきます。

## 猫の長生きの秘訣は？

質のよいフード、適切な健康管理、病気の早期発見・治療で健康を守り、家族の一員として愛されていると実感できるこまやかなケアをすることで、猫も気力が充実して長生きしてくれます。

### ふわもこ学 うちの猫は人間だと今、どのあたり？

猫は1歳くらいで、骨格が完成し成猫になります。最初の1年の成長は人間に比べてとても速いのですが、その後はゆるやかになります。

| 猫 | 1カ月 | → | 1歳 | → | 7歳 | → | 11歳 | → | 20歳 |
|---|---|---|---|---|---|---|---|---|---|
| 歩み | 歩き始める | | 骨格の完成 | | 中年期に入る | | 老年期に入る | | ご長寿！ |
| 人 | 1歳 | → | 18歳 | → | 44歳 | → | 60歳 | → | 96歳 |

## 👀 見た目のチェックポイント

やんちゃな成猫時代と比べると、物腰が落ち着いて風格も高齢猫らしくなります。

**皮膚・被毛**
毛づやがなくなり、フケや抜け毛が増える。

**目**
目ヤニが出たり、目が白くにごる。

**ヒゲ**
ヒゲや口のまわりに白毛が出てくる。

**口と歯**
口臭がしたり、口の中が赤く腫れたり、歯が抜けたりする。

**爪**
伸びすぎたり、さやが重なって厚くなる。

## 🐱 行動のチェックポイント

体力が落ち、五感も衰えてきます。老化の進行に合わせて、きめの細かい生活の介助をしてあげましょう。

☐ **名前を呼んでも気づかない**

聴力が衰えている可能性や、名前を認識できない可能性があります。

☐ **あまり動かない**

体力が落ち、活動量が減っています。

☐ **爪とぎをあまりしない**

マーキングや狩りの準備をする意欲が減っています。

☐ **じゃれなくなった**

体力や活気、集中量が衰えてきています。

☐ **顔を洗う回数が少ない**

清潔にする意欲が減り、排便後も砂をかけなくなります。

☐ **トイレに行く回数が増えた**

腎臓疾患などの症状の場合があります。

☐ **大きな声で無意味によく鳴く**

ストレスがあるか、甲状腺の病気などの可能性があります。

☐ **高い所に登れなくなった**

筋力が衰えたり、関節に痛みがあるかもしれません。

# 日々のお世話と環境作り

高齢になった猫には、年齢に合ったケアが必要です。高齢猫にとって快適な環境を整えながら、スキンシップとまめなお世話を心がけましょう。

猫の言い分

- 体力が落ちれば、病気にもかかりやすくなるよ。健康チェックは、しっかりして
- 若くて元気なときにはいらなかったケアもしてほしいんだ。人間のバリアフリーと同じ。環境作りもよろしく

## 10歳を過ぎたら半年に1回は病院へ

人間でいえば老年期に入る10歳ごろから、病気が増え始めます。年1回だった病院での健康診断を、半年ごとの年2回にします。今後のケアのコツを獣医に確認しましょう。

通院回数が増えます。フタが全開するキャリーは高齢猫に負担がかからずおすすめ。

## スキンシップでボディチェック

高齢猫には、成猫時代以上に、グルーミングなど全身のケアが必要になります。やさしく声をかけ、スキンシップをしながら、健康状態をチェックしましょう。

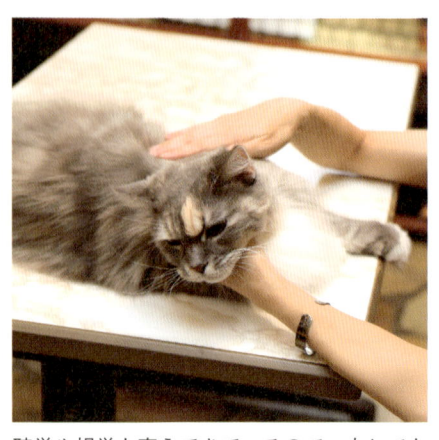

聴覚や視覚も衰えてきているので、少しでも活性化するようにやさしく扱います。

**環境作り**

高齢になるほど、場所をほとんど移動しないで過ごすようになります。体力や行動範囲に合わせて、リラックスして過ごせる環境を作ります。

## 静かであたたかいベッド

寒さに弱くなっているので、日当たりのよいあたたかい場所に。視力や筋力が落ちているので、苦労せずに入れる、低いものを選びます。

## トイレはベッドの近くに

トイレは底が浅くて、またぎやすいものにします。体力が衰え移動が間に合わなくなってきたら、ベッドの近くに置きます。

## ペットシーツをトイレに敷く

トイレに間に合わず、粗相をしてしまうことも。そんなときのために、トイレの下にペットシーツを敷いておくと安心です。

## 危険な遊具はとりのぞく

昔のバランス感覚やジャンプ力がないので高いキャットタワーは危険です。それでも上下運動をしたい猫には、低いものを準備しましょう。

## 危険な場所への侵入を防ぐ

骨や関節も弱っているので、階段から落ちてしまうこともあります。柵を設けて、猫を危険から守りましょう。

### ふわもこ学 高齢猫に避けたい環境

高齢猫にとっていちばんの大敵はストレスです。静かに落ち着いて過ごせるようにしましょう。

### 子猫を迎える

相手をする体力はなく、居場所を騒々しくされるのは、ストレスです。

### 子どもがいる

無理に抱っこされたり、大きな声を出されたりすることが苦痛になります。

## フードと水

高齢猫の食事は、カロリーと塩分控えめがポイントです。また、水を飲む量が減ることが多いので、脱水症状に注意しましょう。

### 高齢猫用フードに切り替える

年齢別のフードを利用している方は、高齢用に切り替えます。消費カロリーが少なくなるので、肥満に注意して健康管理をしましょう。「ロイヤルカナン 12 歳以上の高齢猫用」／Ⓓ

### 3〜4回に小分けして与える

一度にたくさんは食べられなくなってきています。新鮮な状態で食べられるよう、小分けにしましょう。水もそのたびに新鮮なものに替えます。

### 食欲がなくなっている猫には

かむ力が残っている猫にはドライフードを与え続けても大丈夫です。食欲がなくなってきたらやわらかいおやつなど食べやすいものを少量ずつ出します。

### ウェットフードに替えて水分を補給

水をあまり飲まない猫には、水分の多いウェットフードを与えるとよいでしょう。高齢猫用に水分の多いペースト状のフードもあります。スープや猫用ミルクも有効です。

### 視覚・嗅覚が劣ってきた猫には

猫がおいしそうと感じるには、においが大切です。電子レンジで少しあたため、においを強めたり、鼻先に容器をさしだし、においを感じさせてみましょう。

レトルトや缶詰を猫の直腸温 39 度にあたためてくれます。「ラクック」／Ⓓ

### 歯が弱ってきた猫には

ドライフードが好きな猫なら、フードに少量の水を加え、ふやかして、やわらかくすると食べやすくなります。ウェットタイプには、なめて食べられるタイプのフードもあります。

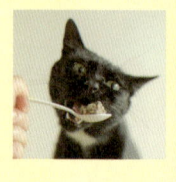

7 歳以降用のレトルトフード。胃が弱っていて食欲がないときにも。「ロイネス 猫用」／Ⓓ

**顔まわりのケア**

五感の機能が集中している顔まわりは、いつも清潔に保ってあげたいところです。汚れに気づいたらすぐにきれいにしましょう。

**耳** 三角にとがった耳介の内側の汚れをとります。耳の穴の中は、不用意にふれると傷つくことがあるので、獣医にまかせます。

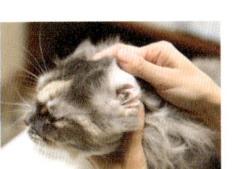

耳をめくって異常がないかチェックし、イヤークリーナーをつけた布などでふきます。

**目** 顔を洗う回数も減ってきます。多少汚れても、自分では放っておくことが多いので、ケアをして清潔に保ちましょう。

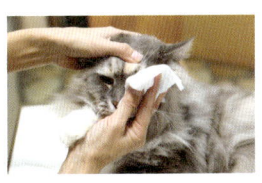

異常がないかチェックし、目のまわりを、ぬるま湯で濡らしたガーゼや脱脂綿などで、きれいにぬぐいます。

**口** 歯が残っている場合は、歯垢や歯石がたまっていないかチェックし、歯磨きをします（→ P.92）。

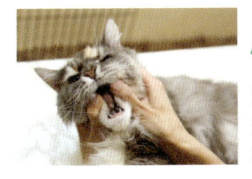

口の中に異常がないか、歯ぐきが腫れていないかなどもチェックします。

**よだれ** 歯が抜けてしまうとよだれが出やすくなります。清潔なタオルなどでまめに拭きとってあげましょう。

**鼻ポチッ！で健康チェック**

健康な鼻は眠っているときは乾いていて、起きているときは濡れています。起きているときに、たまに鼻を触ってみて乾いていたら、獣医に相談しましょう。

# こんなときどうする？

## Q トイレに間に合わないことが多い

ベッドの近くにあるのにトイレに間に合わないこともあります。トイレをまたぐのが大変なようであれば、平らなトイレに替えてみるのも手です。

段差のない平らなトイレトレーで。ペットシーツもずれません。犬猫兼用。「ワンマット」/ Ⓓ

足腰に負担がかからないなだらかなトイレ用スロープです。「にゃんこスロープ」/ Ⓓ

## Q 便秘が何日も続いている

おなかに、ひらがなの「の」の字をかくように、軽くマッサージしてみましょう。温タオルやガーゼなどで肛門をやさしく拭くのも、排便を促す効果があります。

---

### 運動させるときは安全対策を

あまり動くこともなく、自分から遊ぼうとする意欲も少なくなっています。体力が衰えている猫、認知症の猫にはケガをさせないように安全対策を万全に。

ふらつく足でもふんばれる滑りにくいシート。落下が心配な場所に。「防滑防水ダイナグリップ」/ Ⓓ

認知症で徘徊する、視力が衰えている猫に危険な場所への侵入を防ぎます。「くるくるウォーカー」/ Ⓓ

## 体のケア

若いころにできていた毎日のグルーミングも、次第に意欲がなくなり、しなくなっていきます。爪切り、ブラッシングはこまめに飼い主が行うようにしましょう。

### 爪切り

爪とぎをする意欲がなくなってきます。爪が伸びすぎると、肉球にくいこみ、ケガをすることがあるので、若いころよりもまめに切るようにします。

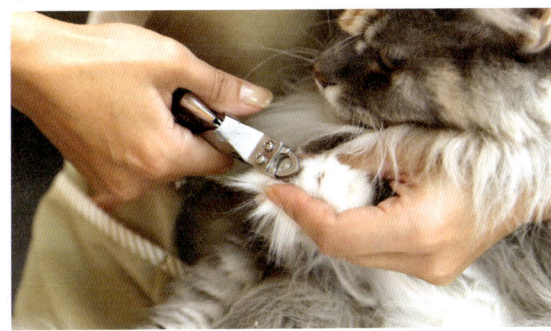

体が動かないようにしっかり支え、爪を切ります。高齢猫の爪は硬いので猫専用のものを使ったほうが安全です。

### ブラッシング

毛が薄くなっているので、力を入れすぎず、やわらかくブラッシングします。やさしく声をかけながら、スキンシップの時間にしましょう。シャンプーは体力的にきつくなっていることが多いので、あたたかいタオルで全身を拭きます。

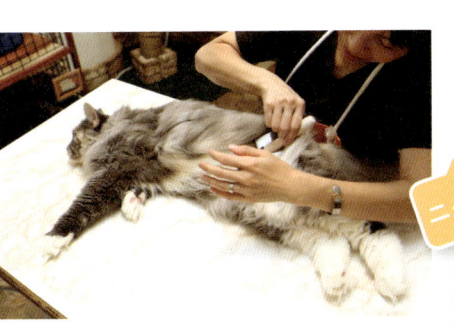

抱っこを嫌がる猫は、リラックスしているときに行います。疲れやすいので短時間で済ませましょう。

**● 超早型！？ ●**

老猫は早起きだ

そして声がでかい

耳が遠いから

（起きろー）
アオー！

そしてしつこいー

え ー

アオー
アオー
アオー

アオー

毎朝3時はキビシイですぅ〜

文句を言うなッ

カッ カッ

**ニャンとも情報局**

### 高齢猫用ベッド

足腰が弱ってきた猫のために作られた介護ベッドです。段差を少なくし、長時間横になっていても疲れない構造になっています。

「シニア向けベッド unage」/ Ⓚ

 **高齢猫がかかりやすい病気**

高齢になり、体が弱ってきたことで、かかりやすい病気があります。病状を見逃さないように気をつけましょう。

## ( 慢性腎臓病 )

**症状**
高齢猫がかかりやすいいちばんの病気です。進行性の病気で、ゆるやかに進む猫も、短い時間で重症になる猫もいます。多飲多尿、食欲の低下、体重の減少、貧血などの症状にくわえ、口内炎や歯肉炎などを発症することも多くなります。

**原因**
水を飲む量が少なく、濃いオシッコをする猫の体のしくみが、腎臓に負担をかけると考えられています。

**対策**
症状が出たときには、かなり進行していることが多いので、すぐに獣医に相談しましょう。完治することはありませんが、腎臓の負担を減らす薬や療法食、点滴の形で水分を補給する輸液などの治療で、進行を遅らせることはできます。

## ( がん（悪性腫瘍） )

**症状**
食欲の低下、嘔吐、下痢などのほか、乳がんや皮膚がんの場合は、しこりや原因のわからない傷のようなものができます。高齢猫に多いリンパ腫は、白血球の一部（リンパ球）にがんができるため、腫瘍ができる場所がさまざまです。胸にできた場合は、水がたまり、呼吸が苦しそうになります。

**原因**
体の一部にできる悪性腫瘍が原因です。

**対策**
早期なら手術で完治できるものもありますが、進行すると治療が難しくなります。化学療法や放射線療法による治療もありますが、副作用も大きいため、とくに高齢猫の場合、獣医とよく相談して、治療の方針を決めましょう。

## ( 便秘・排尿障害 )

**症状**
高齢猫は便秘になりがちで、何日もウンチが出なかったり、トイレで長い時間ふんばっていることがあります。排尿障害はオス猫に多く、頻繁にトイレに行くのにオシッコが出ない、オシッコをするときに痛がるなどの症状が出ます。

**原因**
便秘は消化機能の低下や筋力の衰え、水分の不足などが原因と考えられます。排尿障害の場合は泌尿器系の病気の危険があります（→ P.162 下部尿路症候群、膀胱炎）。

**対策**
便秘については、フードを食物繊維の多いものに替えるもの一つの方法ですが、あまりひどい場合は病院に行きましょう。排尿障害の症状がある場合も、病院に行きます。

## ( 筋肉と骨格の病気 )

**症状**
筋肉や骨、関節が弱ってきます。とくに関節炎が多く見られます。足をひきずる、動きがぎこちなくなる、触られるのを嫌がるなどの症状が出ます。今までジャンプで登っていた場所に行かなくなるなどの行動の変化も、関節炎が原因のことがあります。

**原因**
関節のスムーズな動きを助ける軟骨がすりへることで、炎症をおこします。同じ場所で繰り返し炎症がおきると、骨や関節が変形してしまうこともあります。高齢猫や肥満の猫がかかりやすい病気なので、高齢で肥満だとさらにリスクが大きくなります。

**対策**
有効な治療法はなく、痛みを和らげる薬で対処します。カロリー管理をしたバランスのよい食事と適度な運動で予防するしかありません。

## ( 歯と口の病気 )

**症状**
歯のケアをしないまま高齢になった猫に多く見られ、口臭、よだれ、食欲の低下などの症状が出ます。悪化すると、歯茎が腫れて痛がったり、歯が抜けたりしてしまうこともあります。

**原因**
猫はもともと歯垢が溜まりやすいので、高齢になると溜まった歯垢、歯石が原因になり、歯や口の病気がおこります。（→ P.159 歯周病　猫の歯の吸収病巣）

**対策**
子猫のころから歯磨きに慣れ、適切なフード選びも含めた歯のケアをきちんとしておくことがいちばんの対策です。歯石が溜まってしまい、動物病院で歯石をとる場合、多くが全身麻酔の手術になります。抜歯をすすめられることもあります。ただ、いずれの場合も、高齢猫には、麻酔のリスクがあります。

## 猫の認知症

老化による脳の機能の低下で、認知障害がおきることがあります。認知症の症状に見えても、ほかの病気の可能性もあります。

**症状**
猫によって、以下の例のようなさまざまな症状が出ます。症状がすべて一度に出るわけではありません。

- トイレの場所がわからなくなる
- トイレ以外で粗相をする
- 夜中などに急に大きな声で鳴き出す
- 同じところをぐるぐる歩く
- いらつきやすくなる
  など

**予防策**
予防のポイントは、日ごろの、コミュニケーションです。また、できるだけストレスの少ない環境を整えることも大切です。

スキンシップ：声をかけたり、触れあったりすることで、脳に刺激を与える
遊び：体を動かすことで、体と脳に刺激を与える

**介護**
症状にもよりますが、自己判断で認知症と決めつけないでください。トイレの粗相は泌尿器系の病気の可能性もありますし、食欲の増加や夜鳴きは甲状腺の病気でもおきる症状です。獣医の診断を受け、猫の状態を把握することが大切です。

# 老猫ホームに預ける

愛猫とさまざまな事情で暮らせなくなったら、面倒を見てくれる人や施設を探してみましょう。預けたとしても、暮らしぶりを見届ける義務は忘れないでくださいね。

## 老猫ホームとは？

猫だけでなく、飼い主が高齢化していることもあり、入院や自身の健康状態の問題などで、猫を手放さざるを得ないこともあります。とくにひとり暮らしの場合、自分が倒れてしまったら、うちの猫は……と心配する人も多いでしょう。もしものときに猫の暮らしを守れる場所ともいえます。

## 選び方のポイント

### 1 環境

のびのびと遊べるスペースはあるか、個室スペースも確保されているか、清潔かなどをチェックします。従業員数、夜間のケア、緊急時の対応など、お世話の内容、サービスも確認しましょう。

### 2 場所

面会に行ったり、緊急時にかけつけたりすることも考えて、行きやすい場所にあるかどうかも大切です。

### 3 費用

基本的には終生お世話をしてくれます。入所時の初期費用、年間の飼養費などがかかります。

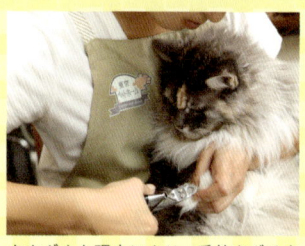

さまざまな理由により、手放さざるを得なくなった猫を飼い主に代わって愛情深くお世話してくれます。／東京ペットホーム

# 最期をどう看取るか

とくに考えておきたいのは、高齢猫が完治しない病気の場合です。どこまで、どんな治療をするのか、飼い主の覚悟が必要になります。

### かかりつけの獣医の考えを早めに確認

最期まで、病院で積極的に治療し、人工呼吸器を使用したり、心臓マッサージをしたりする治療方針もあります。また、今日にも危険という場合、最期は自宅で静かにという考え方もあります。早めに、かかりつけの獣医の考えを確認し、そのうえで判断、自身の考えを伝えることも大切です。

### どんな最期であっても後悔はするもの

どんな選択をしても、まったく後悔がないことなどありません。「もっと早く気づいていれば」「あのとき、ああしなければ」といった思いが残ります。でも、猫と飼い主の関係は、唯一無二のものです。一緒に幸せに過ごしたからこそ、後悔はあっても、自分と猫との関係を信じましょう。

# お別れをする

どんなに長く一緒にいたいと思ってもいつかは別れがやってきます。猫の寿命は、人よりずっと短いのです。しっかりお別れをするために、心得ておきたいポイントがあります。

ペットメモリアルスタンド / Ⓓ

猫の言い分

- ここまで一緒にいたんだから、最期まで見届けてね
- つらいこともあると思うけど、楽しいことや幸せなことがいっぱいあったから、それを思い出して
- いつまでもくよくよしないでね、心配だから

## しっかり「ありがとう」と言おう

家族の一員として、一緒に暮らしてきた猫を見送るのは、とてもつらいことです。だからこそ、その最期をしっかりと見届けましょう。猫がくれた喜びや幸せを思い出して、「ありがとう」の言葉をかけましょう。

## ペットロス症候群に注意

愛するペットを失ったとき、喪失感や罪悪感から、食欲をなくしたり、眠れなくなったり、ときには生きる意欲をなくしてしまう人もいます。亡くなった猫は、あなたのそんな姿を望まないはずです。

 弔い方は大きく3パターン

住まいの環境や自治体の決まりによっても変わってきます。しっかり確認しながら、弔い方を決めましょう。

### 庭に埋葬する

自治体の条例で埋葬が禁止されていないかを確認します。伝染病で亡くなった場合は、火葬を。埋葬するときは、土に返りやすい素材に入れ、1m以上の深さまで掘ります。

### ペット葬儀社に依頼する

ほかのペットと一緒に火葬する合同葬、個別に火葬する個別葬、火葬に立ち会える立ち会い葬などがあります。希望するサービスがある葬儀社に依頼しましょう。

### 役所に依頼する

ペット専用の火葬場がある、契約しているペット霊園に依頼しているなど、自治体によって対応が違います。まず、地域の保健所や役所に、方法や費用を確認しましょう。

# 最期のお別れの流れ

お別れのセレモニーの一例です。あなたなりのやり方を見つけてください。

### 🐾 棺を準備する、体を清める

箱やカゴの底に新聞紙を敷き、その上に保冷剤を置いてバスタオルなどを敷きます。体をきれいにしてタオルなどでくるみます。病院で亡くなった場合は、病院で清めてくれます。

### 🐾 お別れの時間を設ける

思い出の写真や遺品とともに、楽しかった愛猫との時間をゆっくりと振り返りましょう。写真の中の猫の幸せそうな顔、甘え顔をしっかり頭に刻みつけて、「さようなら」を言いましょう。

### 🐾 火葬・埋葬する

自宅に埋葬したり、火葬する場所まで猫を連れていきます。自宅まで引きとりに来るサービスなどもあります。

### 🐾 遺影を飾る

火葬してお骨を持ち帰った場合は、お骨と遺影を一緒に飾っても。愛猫は天国という温かく満ち足りた場所で、幸せで元気に暮らしながら、あなたを見守っているはずです。

## ニャンとも情報局

### 民間のペット葬儀社に依頼するときの注意点

サービスの種類が多い会社では、いつのまにかサービスが増え、思いのほか費用が高額になっていることもあります。望む形がとれるよう、きちんとチェックしましょう。

#### 葬儀の種類を選ぶ

合同、個別、立ち会い葬に加えて、自宅での通夜、棺のサービスなど、どこまでを望むのか、はっきりさせましょう。

#### 複数社から見積もる

費用は会社によってもずいぶん違ってきます。複数社から見積もりをとり、適正と思われる金額を判断しましょう。

#### 料金・契約内容を確認する

それぞれのサービスの内容や、料金をしっかり確認してから、契約します。

## ペットロスにならない ための心得

愛猫が元気なうちから、ペットロスにならない自分なりの方法を考えておきましょう。

### 過度な精神依存状態は厳禁

何よりも猫が大事、猫がいないと生きていけない……と思い詰め、猫にかまってばかりいれば、猫にも負担になります。適度な距離感をもった関係が大切です。

### お別れをしっかり行う

つらくても、お別れをきちんとして、猫が逝ってしまった事実を認めなくては、先に進めません。

### 猫友達に話を聞いてもらう

猫が好きでない人に話しても、共感してもらえないことが多く、かえって傷つくかもしれません。猫友達なら、悲しい気持を受け止めてくれるはずです。

### 猫との思い出を整理しながら、自分の心も整理する

猫を飼っている人たちの間では、旅立った猫は「虹の橋」で、飼い主を待っていてくれるともいわれています。元気で幸せな猫にいずれまた会えると考えて、心を整理するのも、ひとつの方法です。

### 幸せな時間をくれた猫に「ありがとう!」と言う

猫がくれたのは、喜びや幸せな時間です。後悔や、助けられなくて「ごめんなさい」ではありません。生きられる時間を精一杯生きたのですから。一緒に過ごせた時間に感謝しましょう。

## ペットロス克服体験談

● 16年一緒に暮らした猫を亡くし、1カ月ぐらいは毎日ことあるごとに涙があふれ出てきました。遺影の前に1日中座っていたこともあります。今でも落ち込みそうになったら、「出会えたことが何よりの幸せ。いつでも心の中で会える」と口ずさむようにしています。

● 20歳という大往生でした。介護も大変でしたが、衰弱していく姿がとてもつらかったです。亡くなったあとは心にポカンと穴があいた状態に。喪失感が1年ぐらい続きましたが、家の引っ越しがあり、いろいろなものを整理していくうちに不思議と心の整理ができました。

☙ 監修

猫専門病院「トーキョーキャットスペシャリスト」院長
**山本宗伸**（やまもと そうしん）

日本大学獣医学科獣医外科学研究室卒業。猫専門の病院「Syu Syu Cat Clinic」にて副院長を務めた後、「Manhattan Cat Specialists」で約1年間研修を積む。2016年「トーキョーキャットスペシャリスト」を開院。猫の習性や健康について、やさしく楽しく解説するブログ「nekopedia」も猫好きに評判。著書に『ネコペディア〜猫のギモンを解決〜』（秀明出版会）がある。国際猫医学会 ISFM 所属。

☙ staff

デザイン／工藤典子、Suich! デザイン事務所
撮影／梅沢香織、渡部瑞穂
まんが・おもちゃ制作／星わにこ
イラスト／星わにこ、タニモトハル、あきんこ、いしだ未沙
文／清水典子、酒井かおる
校正／みね工房
編集協力／株式会社童夢
編集担当／梅津愛美（ナツメ出版企画株式会社）

はじめてでも安心！
幸せに暮らす猫の飼い方

| | | |
|---|---|---|
| 2017年5月1日 | 初版発行 | |
| 2018年9月10日 | 第5刷発行 | |

| | | |
|---|---|---|
| 監修者 | 山本宗伸 | Yamamoto Soshin,2017 |
| 発行者 | 田村正隆 | |

| | |
|---|---|
| 発行所 | 株式会社ナツメ社 |
| | 東京都千代田区神田神保町 1-52 |
| | ナツメ社ビル 1 F （〒101-0051） |
| | 電話　03-3291-1257（代表）　FAX　03-3291-5761 |
| | 振替　00130-1-58661 |
| 制　作 | ナツメ出版企画株式会社 |
| | 東京都千代田区神田神保町 1-52 |
| | ナツメ社ビル 3 F （〒101-0051） |
| | 電話　03-3295-3921（代表） |
| 印刷所 | ラン印刷社 |

ISBN978-4-8163-6220-0　Printed in Japan
＜定価はカバーに表示してあります＞
＜乱丁・落丁本はお取り替えします＞

**ナツメ社Webサイト**
http://www.natsume.co.jp
書籍の最新情報（正誤情報を含む）は
ナツメ社Webサイトをご覧ください。